剣《つるぎ》の刃《やいば》

シャルル・ド・ゴール
小野 繁 訳

文藝春秋

剣《つるぎ》の刃《やいば》　◎目次

序　9

戦争　17

気骨《カラクテール》　43

威信　67

ドクトリン――固定した原理、原則　99

政治家と軍人　127
人名用語解説　160
ド・ゴール略年譜　174
個人的な意志としての〝国〟――解説に代えて（福田和也）　180

剣《つるぎ》の刃《やいば》

本書は、Charles de Gaulle, *Le fil de l'épée*, 1932 の全訳である。

『剣の刃』（一九八四年、葦書房）を底本としている。

序

「偉大であるということは
偉大な戦いに耐え抜くことである」
ハムレット

現代を象徴するものは不確実性である。従来の慣習、将来の展望、あるいは既成の教養に対する滔々《とうとう》たる否定が、さらには多くの試練、喪失、幻滅が、そしてまた多くの文明〔新たに発明された各種の兵器、通信、交通手段〕のさまざまな光彩や衝撃や驚異が、既成秩序をこれほどゆさぶったことはかつてなかった。世界を一変させた張本人の軍隊が、まず、この事実に苦しみ、失われた情熱に涙する。

偉大な努力の時代から、今、疎外されてしまっている軍人たちの憂うつは、おそらく、万人の知るところであろう。平和な時代の見かけだけの軍事活動と本来の能力とのあまりにもひどい隔たりに心ある軍人は失望の胸を痛める。「これほどの無用の長物があるであろうか。しかもこれほど偉大な使命を持つと同時に、これほど非生産的なものが」とは、プシィシャリの言である。いわんや、戦いすんで日がたてば、そうした憂うつが軍人の魂をむしばむのは当然である。心の張りは突如として失われ、精神の躍動は砕け散り、時には、あのヴォヴナルグ[1]やヴィニィ[2]的な、無言だが、根深い不平の声が再びよみがえる。

特に、現代の風潮は、人々がこぞって軍人の良心をさいなもうとするところにある。軍隊の残虐性を身をもって体験した民衆は、感情的にこれに反発する。戦争を呪い、単にそうであってほしいという思いから戦争を過去の遺物と信じる神話がいたるところに広まっている。民衆が熱狂するには悪魔祓いの儀式がいる。こうして戦争という悪魔を追い払う呪詛の声が世界中に高まり、幾多の絵画は戦争の有効性や偉大さを隠蔽してその害悪をあばきたて、その罪の恐ろしさをあおりたてる。

戦いと言えば、人は血、涙、墓だけを連想し、そこに栄光を見ることはない。しかし、民衆の心の痛みを柔らげるのは栄光である。歴史でさえそうだ。ある者は歴史から戦争の意義を抹殺せんとして、事実まで歪曲せんとしている。軍隊はその根底を攻撃されているのである。

この運動は、ますます広がっている。要するに新しい紛争の危険性を嗅ぎ取った弱いヨーロッパの自己保存本能が、ここに現出しているのである。それは徒手空拳で死と戦っている患者の姿が、必ずや万人の感動を呼ぶのに等しい。なかんずく、一時的に小利口になった民衆が希求している国際秩序〔国際連盟〕の確立のためには、その背景にこの種の巨大な集団的激情の後楯が必要である。なぜならば、民衆は生々しい感情や毒々しいイメージや粗野な祈りによってしか動かないものだからである。

とすれば、この現状にどう対処したらよいのであろうか。

それには、安易な期待など一切を否定して現実を直視してみることである。そうすれば、武力紛争の原因は情熱と利益からなっており、その情熱と利益がどのような要求を秘めているものであるかが理解されてくる。そして、この二つのもののためにある種の人間は、自己の所有物も欲望もかなぐり捨てて行動するのであり、ついには、人間は本性をも失うものだということも見えてくるであろう。

小国は拡大を、大国は支配を、そして、老いたる国は延命を願うものであるかぎり、どうして、今日の均衡が確実なものであるといえるのか。この種の変動が現実に存続しているというのに、何をもって国境や国権の安定を保持していこうとするのか。諸国家が一時的に、ある種の最高規範〔国際連盟規約〕によって国家関係の調整に同意するとしても、強制力を伴わずして、法を口にするだけで十分なのであろうか。

枢機卿レッツ(3)は喝破した。「武力を持たない法は侮蔑を招く」と。軍事力を持たない国際法など、一文の価値もありはしない。世界はいかなる方向を選択しようとも、軍隊なくしては存立不可能である。

実際、力（force）なくしてはいかなる生命体の存在も不可能である。子供の誕生を禁じ、精神をくたばらせ、魂を凍結させ、欲望を眠らせたならば、力はこの世界から姿を消すであろうが、そうすれば世界は必ず沈滞する。それを欲しないのであれば、まさしく、力は必要不可欠ということになる。

思索には手掛りが、行動には手段が、変化には条件が要るように、進歩にはこの力という助産婦が必要なのである。支配者には楯が、国王には城砦が、革命には秩序を打破る破城槌《はじょうつい》が要るように、自由と秩序を守護するにはどうしても力の存在が必要なのである。都市の土台、帝王の笏杖《しゃくじょう》、デカダンスの破壊者である力こそが、民衆の法となり、民衆の運命を司どるのである。

実に、軍人の精神、技量、武勇は、人間の知と徳を統合する要である。この三つの要素は、歴史のあらゆる局面に溶けこみ、歴史を体現する役割を果たしてきた。サラミスの海戦(4)の勝利なくしてギリシャを、軍団なくしてローマ帝国を、剣なくしてキリスト教を、新月刀なくしてイスラム教を、ヴァルミの戦勝(5)なくしてフランス革命を、また、フランスの勝利なくして国際連盟を人はどうして理解できようか。

建軍の根幹である犠牲的精神、すなわち、名誉ある犠牲心はわれわれの美的概念とも道徳的概念ともきわめてよく合致する。それゆえに、哲学も宗教もこの概念を常に理想としてきたのである。

フランス軍の指揮官の意気が消沈するようなことがあれば、国家は危機を招くだけでなく、国民的調和に亀裂が生じることになる。賢者の手を離れた権力は、愚者か狂暴者の手に陥るしかない。

今こそ、精鋭の軍人は自らの重き使命を自覚し、戦いの一事に専念し、頭《こうべ》をあげ、高い理想を見つめる時である。剣の刃先を鋭く研ぎすますために今こそ、精鋭の軍人は己にふさわしい哲学をうちたてる時である。そうすれば、そこから、より高次の展望と、自らの使命に対する誇りと国民の尊敬が生まれてくる。栄光の日の訪れを待つ、有為の人士が手にする唯一の報酬は、この誇りと国民の与える尊敬だけである。

戦争

「始めに言葉ありきではなく
始めに行動ありきである」
ファウスト

I

戦争の本質は偶然性にある。勝敗は常に変化する敵のあり方に左右される。すなわち敵の現われ方は無数にあり、その戦力は不明であり、その意志は多様である。なかんずく、戦場は流動的であり、戦況により戦闘は各処に飛び火していく。さらに、戦場は作戦の重点・速度・戦法によってきわめて多様な状況を呈する。

したがって、自軍の兵力の正確な把握でさえも不可能となる。戦力や士気は時と場所により大きな制約を受けて変化する。大気の流れも無限の影響を戦争行動に及ぼす。戦士は絶えず新しい未知の状況に直面していくのである。

戦争には人生同様、ギリシャ哲学の「万物流転《パンタレイ》」（すべてのものは変化する）の法則があてはまる。一度あったことは二度となく、たとえあったにしても、それは以前のものとは全く別の様相を帯びたものとなる。実に、戦争とは、意外性の連続である。

戦争に特有の偶然性という性質が、戦闘行為を困難なものにすると同時に偉大なものにしている。戦争というものは一見、簡単素朴に思えるが、人間精神にとってきわめてやっかいな問題を提出するのである。

なぜならば、この問題を解決するためには、人間は日常的な思考を脱け出さなければならないからである。これは人間の本性に反する行為である。人間の知性というものは流動的なもの、不安定なもの、多様なものを避けて、普遍的なもの、確定的なもの、固定的なものを求めて思考しようとする性格をもっている。

ベルクソン(6)の分析によれば、「知性は流動的な現実に接するとき、不安を抱く」。すなわち、彼は言う。「思考のどの範疇も生の事象にはピタリと当てはまるということはない。したがって、人間は苦痛を感じるのである。この生々流転する生の事象を我々の思考の枠内に押し込めようとすれば必ず枠の方が先にこわれるだろう。なぜならこの枠は狭く硬直し過ぎているからである。人間の推論は固定的なものに対するときは自信に満ちているが、かような未知のものに対すると不安を憶える」と。

また、戦争は、知性では解決できないある種の暗闇を人間の精神に投げかける。戦争では、頭で検討し、判断するという知性のいつものやり方で問題を解決しようとしても徒労に終るのである。

突然のどよめきが知性を襲い、ある要素が知性を逃れ、ある出来事が知性を挫かせる。その無数で複雑に絡み合った原因について知性が明らかにできるのはわずかである。その複雑な結果については、知性はほとんど役に立たない。水が網目からこぼれるように、状況の不透明で急激な変化は、知性の網の目からこぼれ落ちるのである。

しかし、知性は戦争のなかでは不充分な力しかもちえないにしても、やはりそこに参加する必要がある。あらかじめ、既知のデータを検討し、これに光をあてて、過誤を減少させるのはやはり知性である。

敵は確かに神出鬼没である。いかなる研究、推理をもってしても敵の現在および未来の状況を、また、敵の現在および未来の企図を正確に解明できはしない。しかし、精選された情報を有効に活用するならば問題は限定され、想定が可能になり、確固とした資料に基づけば、状況認識はより堅実なものとなる。

カンネーでローマ軍と対陣したとき、ハンニバル(7)はローマ軍の手の内を知悉《ちしつ》していた。敵の常套戦法を心得ていたハンニバルは、敵は三個梯団で密集陣型を取っており、その戦力の源はこの陣型そのものにあるのだから、これを乱しさえすれば、それが敵の粉砕につながるにちがいないと読んだのである。したがって、彼の作戦は敵を挑発してその陣型をくずすことを主眼としたのである。

一九一八年七月一八日、仏軍司令部はドイツ軍の配置、兵力、陣容、士気を知っていたから主導権の確保に必要な兵力、物資弾薬を算定した上で、ヴィリエ・コトレ東部方面に反撃を命じたのである。

確かに、知性のもたらす情報だけをもとにして、カンネーの戦いやヴィリエ・コトレ会戦の作戦を指導するのは心もとない。しかし、戦いを決断する者にとって、それは敵状の多様性を単純化するのに大きな役割を果すものである。

両軍の展開能力、衝撃力、火力の効果と密接な関係を有するがゆえに、特に地形の理論的認識は、当然、戦況把握の能力を向上させてくれる。

オーステルリッツの戦場をつぶさに研究したナポレオンは、プラッツェン高地の攻略が敵を制圧する鍵をなすと結論した。ドイツ軍参謀総長シュリーフェン(8)はエノ、フランドルの両平原は天然の要害もなく陸路、鉄路は四通八達し、フランスの心臓部を狙う大軍団の侵攻に恰好の地形であると看破した。

真の意味での戦力は、予想困難な戦況により大きく左右されるとしても、知性は不確かな状況にある程度の確実性をもたらす。何よりもまず、組織をよく整えることで軍隊の流動性に堅固な枠組みを与えることができる。知性によって一定兵力の独立単位に分割され、それぞれ決まった装備が割りふられることで、軍隊は、明確な命令の下に置かれ、その性格と兵力の把握も可能となる。

カルノ(9)は革命大衆軍を自律的で同質的で交換可能な各師団に分割することで自在に統率した。カルノのこの実際的処置によって、全体的柔軟性は増大し、軍の機動間隔・距離・半径は拡大し、訓練不足の庶民兵の集団的欠陥は縮小した。こうして、彼は共和国の若い将軍たちに戦術を練るためのシンプルである程度常に通用する模範例を提供したのである。

第一次世界大戦では、フランス軍司令部は独立砲兵総予備軍を保有することにより、各作戦におけるその火力係数をほとんど数学的正確さで測定し、砲の専門的集中運用の効力を発揮させた。

上級指揮官は、現場指揮官の価値ある知識を否定してはならない。彼ほど自分の指揮する部隊の各要素の特長、限界、欠点を直接知る立場にあるものはないのである。この指揮官の、部隊に対する認識が深ければ深いほど、彼の用兵は適切となり、部隊に最大の能力を発揮させることができるのであるし、また、状況が自分の部隊の能力を越えていて不利であれば、無理押しをせず、不足兵力の補強を適切に行うチャンスもより増大するのである。

ナポレオンの作戦が効を奏したのは彼が誰よりも自軍の能力を知悉していたからである。ナポレオンは常に自軍兵力各部の質と量を考慮していた。戦場において、彼の予測が見事に的中したのも、何よりも彼が事前に多くのことを知っていたからである。第一次世界大戦で、こうした考察が作戦の末端にまで及んでいたならば！

敵状、戦場、彼我の戦力といった常に変わる要素を捉えようと想像し、推論し、判断し、記憶する際に、知性は、演繹法、帰納法、仮定法といった検討のための固有の手続きに依拠する。こうして知性は、常に変わりうるものを把握し、研究し、秩序のうちに位置づけるのである。端的に申せば、行動しなければならない人間にとって、知性は決心を生み出すことはないが、しかし決心の母体そのものを調《ととの》えるのである。

ベルクソンによれば、人間の精神が現実の核心に直《じか》に触れるためには、本能と知性の結合体である直観力が必要となる。知性の物に対する認識は理論的であり、一般的であり、抽象的である。一方、本能のそれは、実際的で具体的な感覚をわれわれに与える。それ故に、知性の協力がなければ、論理的思考も明確な判断も不可能であり、また、本能の力がなければ、物に対する深い直覚も建設的衝動も生まれてこない。

本能とは人間を自然に密着させる能力のことである。この本能の働きによって、人間は物の摂理の根底に迫り、奥にひそむ調和の世界に触れるのである。まさに、人間は本能によって、身辺の状況の実在を感得し、それに対応していく衝動を持つのである。

すなわち戦場の指揮官の状況把握過程には、芸術家にも似た心理現象が現れる。勿論、芸術家は知性を必要とする。知性によって、彼は教訓や画法や知識を得る。しかし、それとともに創作には、自然と直接握手して閃《ひらめ》きをほとばしり出させる本能の力、つまり、霊感が必要である。ベーコン(10)が芸術について言ったように、軍事的才能とは「自然に人間性を加えること」である。

状況把握における本能の主要な役割を、日常的に表現すれば次のようになる。政治家や軍人や実業家が物の本質をズバリと見抜くとき、人があの人物には「実践的勘がある」とか、「天賦の閃きがある」とか、「眼力《がんりき》がある」とか、「目先きが利く」とかいう、あの言葉のことである。

行動する人間は、自然そのもののこの本能の力に頼るしかないのである。知性、思考力、事務能力、理論のいずれを取っても平凡な人物が、戦場に立つと将帥に一変するのはこの一点による。

たとえば、三十年戦争において、フランスを最終的勝利者たらしめたチュレンヌ[11]は記憶力がにぶく、学業成績が振わず、頭が鈍いとも思われたし、マッセナ[12]はナポレオンによれば、味も素っ気もない会話しかできなかったというし、当時の人々は「マッセナ将軍にエスプリ（機智、才気）ありや」とよく言ったものであるが、彼はいったん戦争となると、万人を慴伏《しょうふく》せしめる軍事的才能を発揮した。

なんと多くの理論家指揮官が実戦で欠陥を暴露したことか。また、なんと多くの者が平時には現われることのなかった本能的才能を試練に際して発揮したことか。

偉大な軍人は常に本能の役割と価値を重視した。アレキサンダー大王[13]はこの本能を〝希望〟と呼び、シーザー[14]は〝運命〟と呼び、ナポレオンは〝星〟と呼んだ。彼らはいずれも自分には特別の才能がそなわっていて、その才能が現実と自分を密接に握手させ、現実を支配させてくれるという確信を抱いていた。それを彼らはこのように表現したのではないだろうか。

この種の本能を豊かに備えた人物の能力は、彼らの人格に浮き彫りとなって現われる。彼らの言動には何か特別なものがあり、彼らに接触する人は、有事に指揮をとるに違いないといういわば天性の力を感じとるのである。若き日のハンニバルを描写してフローベル(15)は言った。「彼には、天から大事業を託された者のもつ何とも形容しがたい輝きがある」と。

しかしながら、本能の示唆は状況把握には不可欠であるが、状況に明確な姿や秩序を与える能力はない。元来、その示唆するものは荒けずりで、時には、錯綜した物のほんの一面にすぎないことがある。その上、指揮官は軍隊という任務も特性も異なり、しかも、命令なくしては威力を発揮しない多様な兵種の総合体を統率しているのである。

ここにおいて、知性が復権する。知性は本能のもたらしたデータに検討をくわえ、秩序を与え、首尾一貫した全体像を描き出す。知性はこの全体像に対して、重要度に応じた価値配列を行い、時と場所に適した判断を行い、そして、それぞれの作戦、局面を互いに連結させて総合的戦力を発揮できるようにするのである。

この知的努力は成功することもあれば、失敗することもある。しかし、いずれにせよ、知性は我々にとって不可欠である。なぜならば、知的努力を欠けば、行動は混乱をきたすからである。この意味において、知的努力は全くないより、ある方がよいといえる。

物の本質を把握し、二次的なものを断り捨て、行動を細分化し、かつ、それらのものを大目標にそって各戦術単位に割り振るには、指揮官は大局を見通し、物事の重要度を見極め、各単位の全体との関係、そして、その限界を見抜く能力を必要とする。

この統合の才は強度の集中的思考能力を必要とする。なぜならば、立体鏡で物を見る場合、目を凝らさねば物体の起伏が見えてこないように、思考努力の強い集中がなければ、戦略上の要点と戦術上の要点の区別も、またそれらの価値判断も不可能だからである。

大業を成した偉人がすべて瞑想家であったのはこの理由による。彼らは強度の内観力と熟考力を有していた。ナポレオンは言った。「軍人は一点に思考を集中して長時間倦むことなかれ」と。

状況把握が価値を持ち、かつ、時宜を得たものとなるには、知性と本能の共同作業が必要である。ところが、戦争において、知性も本能も、互いに互いを必要としているが、それぞれに不可欠な役割を果たしていることを人間精神はめったに認めない。それどころか、思いつきでこの均衡を破って、いずれか一方に偏することが多い。

そこで、問題のすべてを単独では解決できない知性の限界を見て、知性という人間の最も高度な能力さえ通用しない以上、戦争とは人間のコントロールを超えたものであると結論する一派が生じてくる。「偶然こそが戦争の勝敗を決するのだ。『軍事的才能』など問題にならない」と。哲学者や作家は好んでこの懐疑論を尊重するが、それには理由がある。思索を専《もっぱ》らにするこの種の人間が、戦闘の必要性に対する感覚を失ってしまうのも当然である。戦争に対して、彼らの純粋知性の光を当てたとしてもその本質は洞察できはしない。この場合においては、彼らは知性の無力さを軽蔑するのである。

アテネ市民が、不正直にして無能な市民をアテネ軍司令官に選出したという軍人ニコマキデスの批判に対して、ソクラテス[16]が軍司令官の有能無能は重要ではなく、もしも、有能で良心的な司令官を選出したとしても結果は全く同じであると説いたのは、この知性侮蔑論に由来している。この同じソクラテスが軍人ペリクレスに対して、当時発生したアテネ軍の軍紀弛緩の原因は統率力のない指揮官らにあると言ったのも事実であるが。

また、トルストイ[17]の『戦争と平和』によれば、ホラブルンの戦いにおけるロシアのバグラチオン将軍[18]は「実際は、抗うことのできない事態に圧倒されて全く為すところがなかったにもかかわらず、偶然あるいは必然の作用でなったものすべてをいかにも自分の意志・命令によってなったかのように後で取り繕ったに過ぎない」ということになる。

やはり、同じ主旨から、アナトール・フランス[19]もジェローム・コワニャールに次のような意見を示した。「二つの軍が対戦すれば、いずれか一方は敗北する。従って、指揮官の大将軍的資質の有無は勝敗には関係なく、いずれか一方は必ず勝利を得ることになっているのである」と。そして、ついに、ある哲人僧は結論した。

「一種の出会いである戦争において人為的なものと運命的なものを識別することは不可能である」と。

人はユブュ王[20]は無為自然であったがゆえに勝利したと説きたがる。軍人は知性の相対的な無能性を誇張するあまり、これを活用しなくなることが多い。この傾向にはそれなりの説得力がある。こうして軍隊は知的努力から遠ざかり、さらには、これを軽蔑するようになる。そして勝利のための努力も、たいがい知性に対するこうした落胆を伴うのだ。

フレデリック大王[21]以後のプロシャ軍の気風はそのよい見本である。体験から知性の無能性を悟った当時の軍人は、運や勘だけを頼みとするようになったのである。第二帝政時代のフランス軍は、「がんばれば、何とかなるさ」の気分に満ちていた。

逆に、知性の方も往々にして本能を軽視する。思索の絶対的支配者である知性は戦闘行為に対する部分的な責任を分かち合うことを拒否するが、しかしすべてを独占したがる。知性は戦争の流動的性格を等閑に付して固定的、専断的法則を適用したがる。知性は、固定観念に執着して、特殊な状況においても既知の不変のものから状況把握を演繹したり、逆に常に変化し、単に偶然でしかないものから状況把握を帰納したりしてしまう。

この傾向が時にフランス人の精神を引き付けるものであることは注目に値いする。好奇心旺盛で理解力にたけたフランス人は論理を求め、事実にひと理屈つけることを好み、経験よりも理論を信頼する。この傾向は、軍隊側から強く批難されたが、教育特有の教条主義《ドグマチズム》によって強化された。このいかにもフランス的性向は他国には見られないほどに教条主義を開花させた。絶対を求め思索的であるフランス的性格は、魅力的であるが危険であり、かつて、我々フランス人に極めて高くついたのである。

II

さて、指揮官の決心はなった。この時点までの努力は純粋に静的なものであった。当事者の精神を超え出るものではなかった。だが今や、指揮官は努力を外に向け、部下に示し、部下にこの努力の実行を命じなければならない。

戦争において、指揮官の最大の努力を要するものは何かと聞かれたペタン元帥(22)は、

「命令の貫徹である」と答えた。実際、戦争の流れに人間の意志が介入すれば、状勢に不可逆の影響を与えることとなる。有効であろうとなかろうと無限の結果の連鎖を伴う。

しかし、この大胆な意志だけが敵を畏怖させるのである。この威力に屈服する者は多いが、大胆な意志の人は極めて稀である。戦場における決心ほど残酷なものがあろうか。それには無数の哀れな人命がかかっているのである。身分の上下を問わず、結果によって決断の正否が測られる。

以上の点から推しても、指揮官の肩には余人の耐えきれないような責任がかかっていることが解るであろう。それには、高尚な人格だけでは不充分である。おそらく知性がこの一端を担い、本能がその推進力となるであろう。だが結局のところ、決断力は精神力の問題である。

戦争行動は諸梯団の総合運動であり、各梯団は一部署だけを分担する。さらに、この運動は上部の命令に支えられている。その命令はいかに完全で適宜なものであろうともすべてを規定できるものではなく、また、すべきものでもない。

各級指揮官が兵力投入の方向・時・場所を決定できたとしても、彼にはまだそれを部下に命令するという仕事が残っている。命令に矛盾があれば、士気は低下する。上官が高圧的に部下を抑圧して、厳しく実行を迫るだけであればさらに士気は低下する。

またださからこそ優柔不断な指揮官は服従概念を悪用して何もしないことを正当化してくれそうないわくありげな詭弁を弄するのである。かような指揮官は上官の意志に従うと称して実は保身のために、命令にないことや用兵操典にないことは何一つ実行しようとはしない。上官はすべての末端事項に通暁できるものではないし、用兵操典はすべての特殊状況を想定しているわけでもないから、かような指揮官の下にある軍の動きは、鈍重であり、状況に対応できず、戦機を逸し、麻痺状態に陥る。

軍団規模の司令部が受取る命令は必然的に非常に広範囲なものとなり、内容も全般的指示を与えるだけとなるから、司令官の優柔不断は欠陥を招き、無為無策をもたらす。

マジャンタのサン・マルチノ橋付近に身を落ちつけたナポレオン三世[23]は、まる一日、無為、無言であった。彼は近衛師団の苦戦と、カンロベール[24]とニエル[25]の両軍団の陣型が乱れ、混乱状態に陥っているのを黙過し、また、マクマオン(26)の退却を黙認した。

一八七〇年八月十六日、ルゾンヴィル付近の戦闘で、カンロベール元帥は右翼に兵力を傾注すれば勝機を摑めると明らかに見抜いていたが、誰もそれを口に出す者がなかったので、命令通りトロンヴィルの森に予備軍を投入したまま、ヴォワローメーヌの戦闘指揮所で、いたずらに葉巻をふかし哲人然として砲弾を浴びながら戦闘を傍観していた。

決断力に欠ける指揮官が興奮状態で見せかけの活発さを示して、細部に拘泥して要点から逸脱し、支離滅裂な兵力投入をすることで、あたかも戦争を指導した気分にひたることもある。再度、ルゾンヴィルの戦いを例に引くが、バゼーヌ元帥(27)はまる一日、全体的指示を全く与えず、逐次戦場に進出してくる配下の軍団にも明確な任務を与えなかったので、軍は、絶えず戦場を右往左往するだけとなった。元帥は、こちらでは大隊の指揮を取っているかと思えば、あちらでは砲兵中隊の布陣を指示するというありさまだったのである。

逆に、これまでの例よりはるかに稀であるが、指揮官の独断専行が度を越して軍紀を犯し、全体的な兵力の集中を阻害する例もある。

一九一四年九月初頭におけるドイツ第一軍司令官の行為がその例である。この司令官はドイツ軍総司令官とは正反対の状況認識をして、わが意に反することは全く実行しなかった。すなわち、フォン・クルック将軍[28]は、九月二日、「第二軍、つまり、彼の左翼に隣接する軍団の後方を梯列進撃して、全軍の右翼を援護すべし」との命令を受けていた。ところが、彼はこの命令を無視して突進を続行した。九月四日、「パリ、すなわち、西部方面に向かい、マルヌ河北岸に留まるべし」との新しい命令にもかかわらず、フォン・クルックはマルヌを渡河して、南東に進撃した。結果として、ウルク河で我が軍の奇襲を受け敗北したのであった。

しかし、この時、ドイツ軍総司令官（参謀総長）、小モルトケ[29]が果断な性格で断固たる決意を示すか、地理的に遠いルクセンブルクに留まらずに現地で陣頭指揮を取るか、矛盾に耐える代りに自己の意志を強要するかしておれば、このような過度の独断専行は起り得なかったであろう。

結局、常軌を逸した独断専行の第一の原因は上級指揮官の決断力の不在か意志薄弱による。指揮官の積極果断な精神それ自体は決して危険なものではない。

それどころか、積極果断な精神は部下統率にとって不可欠の要素である。彼の統率するものは、ネジを巻けば動く機械ではなくて人間だからである。人間とは、死を恐れ、飢え、渇き、睡眠不足、天候不順に苦しむ存在である。そして、勇敢な者と臆病な者、鈍《のろ》い者と俊敏な者、信頼できる献身的な者と度しがたく嫉妬深い者というように多種多様である。要するに、人間はバラバラになる要素を無限に有しているのである。これを結束させていくには、指揮官は成すべきことを理解しているだけでは、また、命令するだけでは、充分ではない。部下の心をとらえなければならない。それには権威が必要である。

確かにこういう権威のあり方は、日常の人間関係で培われた変化しにくい要素、つまり規律意識に左右される。規律は、物理的強制力、法、習慣によって兵士に課されるが、その強弱は国民気質、環境、時代精神に左右される。しかし、いずれにしても、軍隊の存在するところでは常に有効である。規律、つまり軍紀によって指揮官と部下の間に一種の契約が成立する。そして、部下は上官に服従の義務を負い、命令の実現に邁進するのである。

しかし、そこに生じるのは最低限の団結を保障する基礎的な意志にすぎない。指揮官は命令の受諾者を非人間的服従によって拘束するだけでは十分でない。指揮官は部下の心に強烈な精神的刻印を押し、気まぐれ者に感動を与えて、自家薬籠中のものとし、あるいは、叱咤激励して目標に突進させ、また、理性を超越した精神の力によって軍紀を保持し、その効力を高め、信仰、希望、犠牲心を内に秘めた者の精神に宿るすべてを自らのまわりに集め、結晶化せねばならない。これこそが統率である。

指揮官の知性、本能、権威が戦争に生命を与え戦争を戦争たらしめるのである。しかしながら、この三つの能力とは何であろうか。それは、人格、潜在能力、影響力ということになろうが、この三要素は等しく重要である。なぜならば、各要素が相互に作用しあって、はじめて行動を行動たらしめることができるからである。

戦争準備とは、何はさておき、指揮官の養成にある。文字通り、国家と同様、軍隊も優秀な指導者さえあれば、その他は自らうまくいく。

優秀な指揮官を厳選すべしという原則に反対する者はいない。しかし、その実施において、我々は無数の困難にぶちあたる。人間はめったに戦争するものではない。既成秩序が転覆し、対立の様相が激変する革命のような混乱期には、刷新を希求する万人の意志が、新たな指揮系統を急遽つくりあげるが、普通の状態では、平時に募集訓練された指揮官の下で戦争をすることになる。ところが、平時は指揮官の選抜には不向きだと思わなければならない。

まず第一に、平和が長引けば、有能な指揮官の募集は困難をきたす。優秀な人間や強者の活動の原動力は権力獲得欲にある。疑いもなく、戦場の指揮官の権力に匹敵しうる権力は存在しない。いつの日かこの権力を振う可能性が猛き心に見えている限り、軍事的伝統を有する国民ならば、それにふさわしい指揮官を軍隊に配することができるだろう。

しかしながら、もはや戦争などする必要はないと信じられる時代には、優秀な人材のほとんどは、軍人無用論を唱える精神的物質的風潮に同調して、軍隊を顧みなくなる。当然、気概のある者や豪胆な者や毅然たる者は権力や尊敬をもたらしてくれる別の方面を志向する。

一八一五年のナポレオンの没落後、フランスはヨーロッパの平和を長期に続くものと感じた。優秀な青年たちは政治、雄弁、思想、芸術界で名をあげんと欲した。そしてその方面において、チェール(30)、ラムネ(31)、コント(32)、パストゥール(33)など名だたる人材を輩出したこの時代は、一八七〇年の国難、普仏戦争にあたっては凡庸な将軍しか持たなかったのである。

この惨めな敗戦後、いずれ外敵によってフランスが消え去る可能性があることを確信し、そこから偉大な指揮官たちが輩出した。彼ら青年のエリートが軍門を固め、第一次世界大戦の勝利をもたらしたのである。

現代は、金力が権力の象徴であり、覇気ある人材は実業界を目指している。そして、一般フランス人は国際法や国家間の相互理解が戦争を防止してくれるものという信念をひとりひとりの心の中に育んでいる。

何はともあれ、指揮能力を有すると目される人材の募集が終ったら、彼らの長所を見抜き、そして、優秀な者が指揮できる体制を作ることが肝要である。これほど、慎重を要する困難な仕事が他にあろうか。

平時の軍務においても、指揮官の知性や権威の判定はある程度まで可能であるが、戦場で発揮される本能を測定する機会は皆無である。

なるほど、演習や教練は眼力のある者に対して有効な判断材料を提供してはくれる。しかし、こうした演習や訓練は形式的なものである。つまり、事実よりも、検証不可能な理論がものを言い、最も肝心な試練、すなわち実際の出来事が課す試練を欠くために、本物の能力と見かけだけの器用さを見分けられない。この場合、本能的創造力よりも学習能力が、本質に迫る直観力よりも理解力が、統率力よりも順応力の方が高く評価されることになる。「平和な時代には、几帳面な人物が天才を制する」と言ったシャルンホルスト(34)の言葉は真理である。

戦争や試練や大危機に用をなす有為の人材は、事なき時に、安っぽい資質、つまり、人好きのする軽薄な魅力を必ずしも振りまきはしない。気骨のある傑出した人物は、普通、武骨であり、非妥協的であり、社交嫌いである。民衆は秘かに彼の優秀さや彼の正しさを漠然と認めはするが、愛したり優遇したりすることは稀である。したがって、平時の指揮官の選考は能力ある人物より人好きのする人物に傾くことになる。

現代は軍隊の指揮官の養成や選考に不向きな時代である。なぜならば、苛酷な大試練をやっと乗り越えたばかりで、国民の意志は弛緩し、気骨ある精神や道義は廃れ、世論は軍隊に顔を背《そむ》けている状態であり、最も決然たる人物でさえ動揺を来たしているからである。

生まれてくるのが遅すぎた貴婦人の次の言葉が軍隊内でも聞かれそうである。

「なぜ、私はこの世に生まれて来たのかしら。時代の希望はすべて蕩尽されているというのに」。

この不安、動揺の時代に、我々はフランス軍の伝統の絆を断ち切ってはならない。戦場で指揮をとらねばならない者の能力や情熱をたわめてはならない。

気骨《カラクテール》

「世界の匂いは変った」

デュアメル

I

フランス軍の歴史は古い。ハムレットの言葉の如く「我、苔生したり」である。何はともあれ、軍隊の栄光と武勇は時代の理想との調和から生まれる。そして、軍隊はその理想を実現したときだけ頼もしく思われるのである。

十七世紀中葉、封建割拠の征服者、太陽王ルイ十四世[35]はフランス社会を国家統一運動のるつぼの中に引きずり込んだ。当時の価値観は風俗、法律、芸術、思想の中に現出している。偉大な大臣の努力の結果、この価値観は軍隊をも風靡した。

すなわち、陸軍大臣ルヴォワ[36]は軍の常備軍化、制服と装備の統一、定期的人事異動、指揮官の常駐、軍隊機構や階級や昇進の成文化、軍用道路、駐屯地、兵站の整備、全国要塞網の完備等々を断行し、そして、各将軍の戦略を一定の方針に従わせ、軍紀を厳正にして軍の士気を向上させた。時代の寵児、ルヴォワは一君に仕えるという共通の思いによって多種多様な人材を軍に糾合した。このようにして実現した軍の統一から輝かしい偉大な軍事的栄光が生まれたのである。

だが、次の世紀は新しい思想、感情の奔流を見た。そして、その思想、感情が既存の社会機構を運び去るはずであった。しかし、古い原理が威力を失ったとはいえ、新しい原理はまだ完全な勝利を収めていなかった。この長くつらい過渡期に、フランス社会は精神的均衡を喪失してしまった。

軍隊はこの不均衡の結果に呻吟した。早くも、オーストリア王位継承戦争において、組織解体の兆候が現われた。軍司令部内の陰謀、幹部将校の怠慢と売官、下士官兵の軍紀の弛緩等である。そして、フレデリック大王が国民と軍隊に与えた秩序愛精神と忠誠心が弾力となって、軍事的優位はプロシャに移行してしまった。

旧軍の瓦礫《がれき》の上に、志願兵と召集兵の混合によって建設された革命軍は、一七九三年の恐怖政治がもたらし、フランスを動揺させたあの精神的混乱に長い間苦しんだ。

しかし、試練は浄化作用を及ぼす。間もなく、フランス軍は独自の戦術、編成、そして、希望の光を見出した。革命暦二年以降、軍人は「愛国者」となった。すなわち祖国愛に自主性と誇り高き自信と私心のない姿勢が加わったのである。軍人の態度も変化した。

共和国軍を統率するフリカスやオッシュ[37]ら諸将は気高い素朴さ、多少装った厳格さ、名誉や報酬をものともしない態度をこれ見よがしに率先して示した。ライン河派遣軍やモーゼル河派遣軍に、特に、この気風が旺盛であった。おそらく、そこには良い意味での見栄もあったのだろうが、彼らが受ける栄誉とも合致したのである。

かくして近代戦争の性格に適した軍隊機構、すなわち徴兵、統一的物資徴用、師団編成といったものは、ナポレオンがフランスの主人となる以前に完成していた。ボナパルトはそれから最大限の可能性を引き出すだけでよかったのである。

しかしながら、この法的措置が彼に必要な兵員、資材、訓練期間を与えたとはいえ、それだけでは充分でなかった。ナポレオンは栄光に輝く蜃気楼に向って兵士を突進させるある共通の情熱を欲したのである。

革命暦七年ともなると自由に対する愛はフランス国民の心をもうそれほどとらえなくなっていた。国民の規律は頼りないものになった。しかしながら、偉大さを求める感情は国民の胸にふくらんでいた。この感情に階級秩序転覆の結果生まれた新しい出世欲が加わったのである。

だから指導者は、国民の名誉心に訴えたのである。巧みに国民を功名争いに駆り立てたところに、皇帝ナポレオンの実際的手腕は発揮された。大ナポレオン軍の士気はそこから育まれていったのである。

二十五年間にわたる国内紛争と対外戦争、十の政権交代、未曾有の大勝利と痛恨の敗北、最後に、二度の外国軍の侵略、軍の敗退、そして、統治者ナポレオンの降伏は、一八一五年のフランスを悲嘆のどん底に突き落とした。この前代未聞の大事件はフランス人の精神を動転させ、分裂させてしまった。軍は再建にあたって、強力で、特別な感情を与える団結のための徳目を見失ってしまったのである。

ところが、以前にもまして、このような徳目は必要であった。なぜならば、永すぎた試練と悲しい結末は兵士の心に苦汁と落胆を痛切に味わわせていたからである。またそれは、将校団再建にあたって各異分子を束ねていくためにも必要であった。

すなわち当時の軍には、大きな戦争で誇りうるが陰惨な経験をした戦士、新旧の亡命貴族戦士、意気盛んだが気難しい性格の戦士と、かつての軍の栄光に引き寄せられ、馬具を身に着け、冴えない立場にいる自分自身をつまらなく感じる若者などが混在していたのである。

また兵士の運命、つまり、くじ運が悪いばかりに七年から八年の兵役を課せられた国民の心を和らげるためにも、この徳目は必要であった。

端的にいえば、一つの信念によってこの幻滅の軍隊に活を入れ、コワニィ[38]的人物を慰め、ビュジョ[39]的人物に決意を与え、ヴィニィ的人物を引き留めるためにもそれは必要であった。ところが、それがなかったばかりにフランス軍は半世紀の間、地平線の見えない路を歩まざるを得なかったのである。

確かに、軍隊の献身に不足はなかった。アルジェリア征服、セバストポリ攻略、イタリア解放、また、その間、スペインに、ギリシャのペロポネソスに、ベルギーのアントワープに、イタリアのアンコーナに、シリアに、メキシコに、中国に、ローマに、わが三色旗を打ち立て、わが武威を遺憾なく発揮した。

しかしながら、そこには兵士を熱狂させるような最高の精神的衝動が欠けていた。それゆえに、一八七〇年の普仏戦争において、ナショナリズムの情熱に沸き立つ敵軍に対するという、予想外の事態が発生したとき、フランス軍の指揮官はあっぱれな諦観を示してこれを消極的に受けとめることしかできなかった。

だがこの祖国の不幸はその後フランスの国民精神を覚醒させた。祖国防衛のためとあれば、いかなる犠牲にも耐え抜くという決意が世論を支配するようになった。

数年の兵役、予備役期間の不自由、国家予算の半分を占める軍事費、地方・大都市・首都までも圧迫する軍事優先政策、これらすべてに国民は耐えた。

国家あげての献身と歩調を合わせて、一八七〇年以降、軍には何よりも公共の利益を重んじるという際立った特徴が現出した。言挙《ことあ》げせず、空理空論に走らず、一意専心奉公に励む、これが時代の気風となった。

将校は苛酷な生活、廉価な俸給、遅々として進まぬ昇進を傲然として甘受した。また、その半数は下級将校のまま地味な三十五年間の任務に黙々として耐えた。また下士官も将校を範として運命に甘んじ、職務に献身の認証だけを報いとして求めた。そして、兵士は単調な訓練に惜しみなく善意をささげ、苦役の代償として、家庭復帰と一枚の善行賞だけを期待した。

たとえ、今世紀初頭、いくつかの徴候は、全体的にみてデカダンスの始まりを示していたとしても、軍人の魂は両戦争の間〔普仏戦争と第一次大戦をさす〕、滅私奉公の大本《たいほん》をまもっていた。第一次世界大戦に際して、軍人が示したあの犠牲的精神はここに由来しているのである。

再度、フランス軍は倦まず弛まず、労苦をいとわず再建に励むのである。いつもそうであるが、偉大な軍隊の刷新はその時代の条件と呼応する。兵制の進歩、装備の改良、知性の発達は、時代精神の復興があって初めて効力を発揮するのである。
昔日の兵士にとっても、今日の兵士にとっても、団結、奮起、偉大さを与えるようなある種の信念が必要である。それゆえに、軍人社会に若々しい理想、選ばれし者としての特別な感情、思潮の一致をもたらし、情熱を呼び覚まさせ、才能を豊饒ならしめることができる、ある一つの徳が必要なのである。「気骨《カラクテール》」〔名誉や金銭欲に対する打算を度外視した信念と精神力〕こそがその酵母となり、これこそが困難な時代の徳目となる。

II

難局に立ち向う気骨《カラクテール》をそなえた者は自分だけを頼みとする。このように自らの方針にのっとり、自己の責任において事を断行する態度は行動に強烈な刻印を押す。職分の蔭に逃避せず、言い訳せず、報告書で身を取り繕うことなく、彼は敢然と立ち上り、身がまえ、大胆に立ち向っていく。

それは決して命令を無視し、忠告を踏みにじらんとするものではない。彼には、止むに止まれぬ気概と、断行せずにはおれない心の疼きがある。危険に無頓着でも、結果を顧みないのでもない。彼は誠心誠意それらを忖度しつつ、真っ向から行動に突進していくのである。さらにいえば、支配者としての誇りをもって、正面から行動を抱き止める。なぜならば、その行動は彼に属し、彼自身もその行動と一体となるからである。彼のおかげで成功すれば、その成功を喜び、失敗して何の利益も得られないときも、苦い満足感をもって悲運の重圧に耐えていく。行動そのものに情熱と生甲斐を見出す闘士、儲けより勘の的中を求め、身銭を切って借金を払う賭博者にも似たこの気骨《カラクテール》をそなえた人物は行動に気品を与える。彼なくば、陰うつな奴隷的な仕事であるものが、彼の存在によって神聖な英雄の遊戯となるのである。

それは単に彼が独力で事を成就するということではない。他の者もこの仕事に唯々諾々として犠牲を払い、労苦をいとわず任務を果たす。ある者は理論家として、また、助言者としてこの事業に参画するが、その事業の大本を定める建設的でしかも神聖侵すべからざる中心的な要素というものはやはり彼の気骨《カラクテール》から生まれてくるのである。

天分が芸術に深い味わいと思想性の刻印を押すように、気骨《カラクテール》が行動の諸要素に不可欠のダイナミズムを与えるのである。したがって、気骨《カラクテール》によってその行動は独自のものとなる。天分が芸術の領域で作品に独特の肌ざわりを創り出すように、気骨《カラクテール》は行動に活力と生命を与えるのである。

事業というものに生命の息吹きを与える人物は、結果の責任を一身に負う。困難が気骨《カラクテール》ある人を引きつけるのである。なぜならば、彼が自己を表現できるのは困難に立ち向う時をおいて他にないからである。困難に打ち勝つか否かは彼と困難との間にだけ存する問題である。嫉妬深い恋人にも似た彼は、困難の与える果実も苦難も独占しようとする。何事が起ろうとも彼は責任を担う者の苦い喜びを求めるのである。

自分の意志で行動せんと欲する情熱を有する人の行状には厳しさがつきまとうものである。気骨《カラクテール》のある人物の人格には苦業につきものの厳しさがある。部下はこれに耐え、時に、これに呻吟する。特に、このような指揮官は超然としている。なぜならば、権威は威信なくしては成り立たず、威信は人との距離なくしては成り立たないからである。部下は彼の尊大さや厳しい要求にひそかに不平を漏らす。しかし、いったん行動が始動すれば、不平家はたちまち姿を消す。鉄が磁石に向うように、すべての意志や希望は彼に向う。危機がくれば、人間はこのような人物に従うものである。

彼は余人の耐えきれないような重荷をわが腕《かいな》で取り払い、身を砕くような重圧をわが腰で支える。この関係は相互的である。か弱き人々からの信頼が彼を奮い立たせ、わが身にささげられるささやかな承認に彼は義務を感じるのである。彼の厳しさは徐々に高まっていくが、恩情もさらに強まる。というのも、彼は生まれながらにして守護者だからである。そして事が成就すれば、彼は広く部下の手柄とし、失敗すれば、自分より下位の者に責任が及ぶのを許さない。彼が与える「保護」が部下が彼に抱く「尊敬」となるのである。

平時においては、このような人物は上司の受けが悪い。彼は自分の判断を確信し、自分の能力を自覚しているから、気に入られようとする欲望に屈服しない。上下関係ではなく自分自身から決断と確信を引きだすことが、彼を受動的な服従から遠ざける。全体を引き受けず、細部に拘泥し、形式主義に堕する多くの指揮官には耐えがたい任務と仕事を自分は与えられたのだと彼は主張する。しきたりや平穏無事というようなことを眼中に置かない彼の豪胆さに人は恐れをなす。好き嫌いの激しい純血馬を、打てども進まぬ駄馬と思うように、峻厳さというものは強烈な人格の裏面であること、われわれは時に抵抗も辞さない者しか当てにできないことに気づかず、また、円満な無気力の人より毅然たる一徹者こそ必要だということを解せず、凡人は彼のことをいたずらに「傲慢である」とか「横紙破り」とか批評する。

しかし、事態が急を告げ、危機が目前に迫り、突如として、国家救済のために、決断力、胆力、不屈の精神力が必要とされる時がくれば、人の評価は一変し、真の人間力が白日の下に現われる。時の流れは気骨《カラクテール》ある人を第一線に押し出す。今や、人は彼の助言を受け入れ、彼の才能を讃え、彼を頼りにする。

当然のことながら、彼の任務は困難を極め、彼の苦闘は重要性を帯び、彼の使命は人の運命を左右するものとなる。彼の建議はすべて受諾され、彼の要求はすべて同意される。しかし彼は図に乗ることもなく日頃の冷遇に対する恨みを晴らすこともなく、雅量を示して、全身全霊をもって行動に没頭する。

非常事態に際して、一致して気骨《カラクテール》ある人に頼ろうとするのは人間の本能である。人は心の底では、このような能力こそ至高の価値を有するものであるということを認識している。すべての人は、これこそが行動の要をなすと感じているのである。キケロ[40]は言った。「歴史的大事業はすべて気骨《カラクテール》ある人の独断専行の気魄によって実現した」と。不必要に用心深い助言や、卑屈な追従的献策に屈していたならば、アレキサンダー大王のアジア征服も、ガリレオの地動説も、コロンブスのアメリカ発見も、宰相リシュリュー[41]の王権回復も、ボアローの古典派美学も、ナポレオンの大帝国建設も、レセップス[42]のスエズ運河開削も、ビスマルク[43]のドイツ統一も、クレマンソー[44]の祖国救済もなかったであろう。

大事を成す人物は必要とあれば、偽善的規律など黙殺すべきである。ペリシエ将軍[45]は、セバストポリで皇帝の脅迫的至急便を懐中にして戦闘の決着をつけてからようようにしてそれらを読んだ。第一次大戦初頭におけるシャルル＝ロワの会戦で、ランルザック将軍[46]は司令部の命令を無視して戦闘を中断したからこそ、軍団を救出できたのである。

一九一四年、本国の訓令を握りつぶしたからこそ、リヨッティ[47]はモロッコ全土を護り抜けたのである。ジェットランドの海戦で、イギリス海軍はドイツ艦隊撃滅の好機を逸した。ジェリコ提督[48]の戦況報告を受けた海軍大臣フィッシャー卿は傷心のあまり叫んだ。「彼はネルソン(49)に一画欠ける者だ。背くということを知らぬ！」と。偉大な人物の成功は、その人物の各種の能力の組み合わせによることはいうまでもない。気骨《カラクテール》、これに何も伴わなければ、これは単なる無謀さ、頑固さでしかない。しかし、逆に優れた精神的美質というだけでも充分ではないのである。

比類ない才能を有しながらも気骨《カラクテール》を欠いていたために、平凡な仕事しかしなかった無数の人物の例を歴史は教えている。彼らはかしずくことも、寝返ることも巧みであるが、何も生み出さなかった。有事に際して、何も痕跡を残さず重要人物であっても何も際立ったところを見せなかったのである。

シイエズ(50)ほど制度論に精通した人物は稀である。ところが、未曾有の国難と引き換えに旧体制を脱皮した新生フランスの国会に議員席を得たシイエズは、溢れんばかりの抱負識見を有しながら、あの革命時代に一体何をしたのだろうか？　ただ「生存していた」というだけだ。

外交官タレイラン(51)の生涯に注目したアンリ・ジョリ氏は「彼は高邁な識見、適確な見通し、深い人間学を有していた。しかし、この人物は大事を成す絶好の時代に生きながら何一つ偉大なことを成さなかった」と批判し、チェールの次の評を引用した。「反論するより追従を好み、独自の見解を堅持するより世論受けする意見を述べたがるこの人物には、断固として決然たる人物という信が置けなかった」と。

トロシュ将軍(52)は群を抜く知性と教養のために抜擢され、若くして数々の大事業と関わり、勘と経験を充分に積み、祖国のあの危機に際して権力の頂点に位置していた。彼には国の大役を果たすに何一つ不足するものはなかったが、惜しむらくは、大胆な企画力と目的を貫徹させる意志力に欠けていた。

III

気骨《カラクテール》のある人を求める時代もあれば遠ざける時代もある。平穏無事な時代を気楽に生きる人々はこの難物を敬して遠ざける。ところが大胆な革新を必要とする時代が到来すれば、人々は声を大にして彼の登場を求める。

ほんの三分の一世紀たらずの間に、我々現代人は戦争により一足飛びに根本的に異なる二つの時代の連続を経験した。同時代人でさえも過ぎ去った日々を思い出すのに相当の努力を必要とする。かつては安定、倹約、慎《つつ》ましさの時代であり、確実に保障された既得権、伝統的政党、信頼で結ばれた家庭のあった社会であり、また、安定した収入、確かな公務員の俸給、年三％の物価スライド制年金、使い慣れた道具設備、いつまでも頼りにできる持参金の時代であった。

技術革新により熾烈化した競争によって昔日の叡智は廃物と化し、その優雅さは破壊されてしまった。新時代を象徴しているのは何か。

戦争が物事の自然な流れを奔流と化し、人間の欲望を一変させてしまったのである。この多様で、横柄で、気まぐれな欲望を満たさんとするために人間の行動は複雑化し、性急化する。成功、流行、儲けはかつてないほどに儚いものとなってしまった。

どの客が固定するか。どの評価が確定したものとなるか。どれほどの期間、機械設備は技術的先端を維持できるか。短かく刈り込まれた運命の女神の髪はとらえがたく、かつては「果報は寝て待て」だったのに、すべての者がこれをとらえんとして必死に手をさしのべているのである。

新しい生活条件はこれまでになかったか、抑えられていた感情を、人の心に肥大化させている。ここ百年間に、フランス社会は危機、孤立、激動の恐怖の中を生き抜いてきた。しかし、この恐怖の中にあって、フランス人はよく企画、冒険、革新の精神を向上させてきた。

役人になること、家業を継ぐこと、成功者を模範とすることが、かつての我々の時代の理想であった。だが金を儲けること、遠くに旅すること、先人をまねないことが今日の好みである。従来の慣習、規則、慣れ親しんだ様式に代る新しい思考、行動の基準が必要となってきている。

もはや、浪費は悪徳ではなく、人は最新の流行を追い、旅行記に導かれて、いとも気軽に世界一周の遊覧船に乗り、海外を漫歩する。昔は閑静な人生を送らんとするために世界の叡智に学んだ。ところが今日では、人生は狂奔する障害物競走である。

フランス国民の行動がこのような傾向にあるとき、どのようにしてフランス軍はかつての精神をそのまま保持していくのであろうか。現代は、個人的行動やリスクを負う勇気を何より尊重する時代であるゆえ、軍も自発性や責任感を重視しなければ、孤立する恐れがある。

しかし、これは次第に勢力を増してきた他の徳目を無視すべしといっているのではなく、気骨《カラクテール》という徳目を他の徳目の上位に置き、この徳目を鍛え、正しく評価すべき時が来たといっているのである。

　これによって、おそらく軍隊は、軍隊を時代の孤児たらしめ、優秀な人材を遠ざけ、エリートの胸に嘔吐をもよおさせるような形式主義、決断の先送り主義、硬直性を消滅させていくであろう。

　世界を一変させた同じ風潮が軍隊の状況も当然のことながら変えてしまった。現役兵も、幕僚も、予備役兵もかつては同じ兵器を使用したものである。四十歳の男性にとっては、歩兵であれば銃は同じであり、砲兵であれば砲の型は一つであり、騎兵であればサーベルを手にして突撃すればよく、通信兵であれば、伝令となって足で駈けるか騎馬伝令となって馬の足に頼ればよかった。編制も、年次召集兵も、幹部も、兵器資材も同じであったのである。

　統帥、用兵、教練、管理は以上の事実からして比較的簡単であった。機動の型は少なく、中央からの指示や命令は明確で伝わりやすかった。そして、指揮官の自主裁量は部分的に容認、奨励されていたとはいえ、個々の問題の解答は大体において、用兵操典や当時の戦術原理や慣例から割り出せた。

第一次大戦中、時勢は新しい様式を課すようになった。戦略、戦術の修正が常に必要となり、個人的努力の要求、かつて冷遇されていた人物の抜擢などが是非とも必要となった。

かつての指揮官、特に最下級指揮官は砲煙弾雨の中では何人にも有無を言わせぬ権力を持し、果たすべき任務を一人で引き受けた。そして、突撃部隊の小銃手、塹壕の監視兵、分隊の伝令兵といった一兵卒でさえも、それなりに全体に寄与する任務を果たした。したがって、すべての将兵はどの部署につこうとも一つの要《かなめ》たらんと心がけたものだった。すなわち、一個の男子たるものはすべて危険を顧みず、それぞれの仕方で成すべき任務を果し、かつ、全体に対して自分なりに何らかの貢献をせんとの信念を有していた。

ところが、第一次大戦とともに、こうしたことは求められなくなってしまい、軍隊は無気力に堕する可能性を恐れなければならなくなった。しかしながら、新しい戦争の諸要素、兵器資材の複雑化、状況の流動性が軍にこれとはまた別の道を強く求めている。

現在、歩兵の戦闘には十五の兵種が参加する。通信には二十の方式が常用されている。砲兵は私の思い違いでなければ、もっとも、思い違いの可能性も多分にあるが、確か、六十八種の砲を操作せねばならない。そして、これらの砲は、状況によって、馬、けん引車、重量運搬車、トラック等によって曳かれたり運ばれたりしている。騎兵は機械化し、自動火器を装備し、工兵は十六兵種からなり、各自が独自の工具を使用している。

軍隊は急速の進歩をとげているのである。飛行機、飛行船、戦車は日進月歩の改良が施され、その用途も工夫されている。その他の複雑な兵種、つまり、兵站、運輸といったものの複雑さはどう説明すればよいものか。さらに、敵状、地形、作戦によってこういったものの運用、組み合わせ、効果は多様に変化するのである。

自主的行動の能力や習慣は、操典や戦術書や演習において指揮官に対して奨励されているにもかかわらず、もはや、現実はその必要性を失わせているかのようである。だがもしも、この積極果断の炎を消えるにまかせるならば、国家に不幸が到来するであろう。そして、戦場の軍隊は神経の切れた自主的に動けない肉塊にすぎず、何の神秘も有しない精密機械にすぎなくなるであろう。

特に、平和の到来とともに、この傾向が由々しい影響を軍隊に及ぼしているのが感じられる。事なかれ主義が慢性化している。おそらく太平の時代であれば、この悪徳は隠蔽できたであろう。しかし、この精神的、物質的激動の時代に、軍隊自体も激変を被り、軍の編成、徴兵、兵員数、駐屯地、司令部のいずれも時と場所が異なれば常に変わり、状況が無限に変わりゆく時代に、この悪徳は決定的なものとなり、取り返しのつかない結果を招来する。各級指揮官の自主性、責任感、率直な意見具申の勇気が衰えれば、気骨《カラクテール》は失われ、軍隊は麻痺状態に陥ることになる。各級団隊は即決すべきものを上部へ上部へとたらい廻しし始める。近視眼的な矛盾だらけの日常的な典範令いじり、朝令暮改の計画や想定、常に目下検討中の問題の山、そして、無価値な意見、形式的報告、ためにする請求書の累積、このような瑣事に軍隊は熱中し出すであろう。不適切な処置、タイミングを逃した決定、それと引きかえに、相互不信、軍紀の弛緩が生じるのは目に見えている。

しかし、軍隊の各レベルで原理原則によるよりも実情に基づいて自主的行動をとる気風が、人気取りよりも着実な努力をする気風が、そして、必要とあれば率直に意見を具申する気風が生まれれば、また、いかなる代価を払うことになろうとも、上下一致して気骨《カラクテール》ある人を信頼、尊敬、支援し、そして彼の登場を求めれば、日を待たずして、軍紀はたちまち生まれ、確固たるものになるだろう。そして、各種の問題は即決され、さらに解決され、官僚的非能率は姿を消すことになろう。たまに出される命令は素晴しい効果を生み、辛く厳しい軍務は戦力を増し、不平を減らす母体となる。そして、この結果が今度は新たな原因となり、能力を活かせないゆえに軍隊を敬遠していた優秀な毅然とした人材が軍隊に引き寄せられてくる。この潑溂たるカンフル剤によって、軍は往年の覇気を取りもどすであろう。

現代は軍隊にとって試練の時代である。軍隊の存在意義に対する疑いは無尽蔵にある。優秀な人材の戦死、力を発揮する前に停戦となった中途半端な勝利、物資の欠乏、世情の不安定……。軍に対して外部から支援があったのも確かである。しかも、良質の救済が。しかし、フランス全体は戦争の喧噪に疲れ果てて、その苦悩を厄介払いしたばかりで軍隊に背を向けている。世論を代表指導する人々は、紋切り型の言葉と陰険な抗議で厭戦気分や無関心を表明している。悪意や悔恨の情を皮肉な調子で風刺している者もいる。侮辱は憎悪心を掻きたてるものである。それゆえに、かつて、クレマンソーは言った。「魂の最大の苦痛は白眼視されることにある」と。この風潮を放置すれば、不幸は募り、慢性化するであろう。

しかし、気骨《カラクテール》ある人の厳しい薫陶を受ければ、軍隊は信念と誇りを回復できるのである。そして、毅然たる精神を取りもどせば、風にかしいだ木がもとの姿にもどるように、軍隊の運命は好転し、試練の時は去り、時代の精神は、また、ほほ笑みかけてくるであろう。

威信

「心に栄光を抱け」
ヴィリエ・ド・リラダン

I

現代は権威にとって試練の時代である。現代の社会風俗がこれを微塵に打ち砕き、法律がさらにこれを弱体化させている。

職場、家庭、国家、巷のいたるところで、権威は信頼や服従を受ける代りにいらだちや批判に晒されている。自己表明するたびに下から叩かれて権威は自信を喪失し、迷い、そして、しかるべきタイミングを逸するか、または、言うべきことも言わず、慎重に、弁解がましく萎縮するか、あるいは、極端に粗野な言動をとり形式主義にはしるかしている。

このデカダンスは、ここ数世紀にわたっていくつかの老大国に蔓延してきた道徳的、社会的、政治的秩序の衰退が招き寄せたものである。

人間が、権力には正統性を、そしてエリートには身分にふさわしい権利を長い間与えてきたのは信念と打算による。今、この伝統的構築物が音をたてて崩れている。信念はぐらつき、伝統は生気を失い、忠誠心は枯渇してしまい、現代人はかつての謙譲の美徳も、社会道徳に対する尊敬心ももはや失ってしまっている。

「神々は弾劾を受け、不幸が降りかかる」〔フランス象徴主義の詩人アルベール・サマンの言葉〕

この種の危機は非常に深く浸透しているように見えるが、実は一過性のものにすぎないだろう。飲食睡眠を求めるように、人間は本能的に指導者を求める。この政治的動物は組織、つまり、秩序と指導者を必要とするのである。

ある権威が基盤を失い動揺すれば、人間は遅かれ早かれ、また、良かれ悪しかれ、新しい秩序の確立に都合のよい新しい基盤を手に入れるものである。現在、我々は幸運なことに、この基盤を見出している。その基盤とは、特定の人間が備えている個人としての能力と彼らの統率力である。

昔、民衆が地位や門閥に対して与えていたものを、今日の民衆はそっくりそのまま能力ある者に対して与えている。胆力一つで、無一物から身を起こした独裁者のそれに匹敵できる民衆の服従心を、どの君主が得たことがあろうか。今日の最先端の開発者の技術に匹敵するような事業を行った資産家などかつていたであろうか。たったひとりの努力で、栄冠を勝ちとった今日のスポーツ選手に対して与えられるほどの喝采を受けた征服者など、かつていたであろうか。

この権威の変容は軍紀にも多大の影響を及ぼしている。世間一般と同様、軍隊においても、「人を敬う心は薄れた」という声を耳にする。しかし、それはむしろ、尊敬の対象が変ったというべきであろう。各級指揮官は、どんなポストにいようとも地位によるよりも能力によって統率せねばならなくなってきているのである。権力と地位の混同はもはや許されない。

それは新しい規律が、かつての規律と縁もゆかりもないものであるということとは全く違う。人間はそれほど迅速かつ完全に変りはしない。〝自然は飛躍せず〟である。他国に対するある国家の権力はその国の将兵の献身度が決定するものであり、指導者はいつの時代でも、自分自身の影響力によって民衆の服従を勝ちとってきた。

しかし、世が乱れ、秩序や伝統が激変してしまった社会では、当然、既存の服従心は弱まるものであるから、指導者の個人的威信が統率の要となるのである。

II

威信とは、情感力、暗示力、感動や共感を与える感化力からなるものであり、人間の根源に由来する才能、つまり、分析を超越した天性の素質に属するものである。それは、また、ある特別の人物が、言うなれば何によるか正確には窺い知れない先天的に有する素質のことであり、その影響を被っている当の本人でさえ時にはその影響を不思議に思うような権威の力のことである。それは恋に似たある名状しがたい魅力的なものとしか説明がつかない。

さらにいえば、個人の内在的な価値と、個人の影響力とは必ずしも一致するものではない。なぜならば、知性も品行も際立った人物といえども機智と感化力に欠けるならば人を魅きつけることはないからである。

しかし威信のなかには、人によって異なり、学習では身につかない、存在の根源にある、生まれながらの部分があるにしても、あるいくつかの共通の不可欠の要素がそこに見出される。

このような要素なら、我々でも修得できるし、少なくとも、磨きあげることはできる。芸術家と同様に、指導者も、天性の才能を実践を通して鍛えねばならないのである。

なかんずく、威信には神秘的な何かが必要である。なぜならば、人は知りすぎたものをあまり尊敬しないからである。したがって、すべての宗教は門外不出の聖櫃《せいひつ》を持っている。どんな偉大なる人物も召使いにとっては、ただの人である。計画、手段、精神活動には他人の窺い知ることのできない要素がなければならない。この要素が人を引きつけ、感奮させ、一心不乱ならしめるのである。

だが、それは、象牙の塔に籠って、部下を無視し遠ざけよということではない。それと全く反対に、人々を支配するには、すべての者に注意を向け、すべての者に自分は特別の愛護を受けていると信じ込ませなければならない。

ただし、自分の心中を明らかにしてはならない。ここぞという時に人を驚かすかもしれない秘密を胸に秘しておかねばならない。後は、人々の潜在的英雄崇拝によって万事うまく進行していくのである。もともとの戦略の効果に独自の才によってさらなる威力を加えることができると思われることで、信頼と期待が寄せられるからである。

自分の心を制御するには言動を慎まなければならない。それは見かけの問題にすぎないかもしれないが、群衆は見かけで判断するものだからである。しかも、それは間違いと言い切れるであろうか。私には真の実力と個人の外見には何か関係があるのではないかと思われる。だからこそ、戦士は経験から態度の重要性を重んじてきたのである。

下級指揮官は敢然と部下の先頭に立つべきであり、上級指揮官は、逆に、みだりに人前に姿を現わすべきではない。

上級指揮官は、フロベールが描いているように、怯む兵士の前にここぞと思う時に姿を現わして絶大の心理的効果を及ぼした、サランボー会戦におけるハミルカルに学ぶべきである。

シーザーの『ガリア戦記』やナポレオン伝を見れば、人心掌握のために彼らがいかに自己演出に気をつかっていたかが分かる。

寡黙は態度を荘重にする。沈黙ほど権威を高めるものはない。沈黙は強者には重厚さを、弱者には安全を、高慢な者には謙虚さを、虐げられた者には誇りを、賢者には慎みを、そして、愚者には機智を与える。

欲望や恐怖にかられてくると、人間は自然に言葉で苦しみをまぎらす。だが、そのように言葉に屈服すれば、欲望や恐怖と妥協することを意味する。饒舌は思考を散漫にし、英気をにぶらせる。結局、それは行動に不可欠の集中力を分散させることになるのである。

〝沈黙、そして、命令〟というのは必然の流れである。したがって、部隊に行動を命ずるには、まず、「気をつけ！」の号令をかけるのである。この瞬間こそ、指揮官の命令は最大の伝播力を発揮する。沈黙は冷静さと注意力を生み出すからである。同時に、人間は多弁を弄する主人を本能的に嫌悪するものである。

古代ローマ人は言った。「命令は簡潔直截であれ」と。現代の用兵操典も命令の簡潔をさかんにうたっているが、実情は、書類と言葉の氾濫によって、指揮官の権威は著しく阻害されているのである。

戦場における沈黙の掟が民衆の戦争概念に反することは確かである。それは文学的偏見に原因がある。文学によれば、戦争は仰々しい言葉で展開していくことになる。小説、演劇、映画の中では英雄は部下に大言壮語することになっている。現実はこの馬鹿げた常識を打ち砕くものである。

おそらく、口先きの扇動は偶然に部下の士気を一時的に高めることもあるかも知れないが、それが冷めた時の混乱は何物によっても贖えないものとなる。実際、饒舌を弄して大作戦に勝利した者などありはしない。

ロックロワの会戦を前にした、威風あたりを払う青年コンデ(53)は、命令を固唾を呑んで待つ諸将を従えて無言、馬を駆り、地形を観察し、隊列を一巡した。このような態度に兵士は威服するのである。「彼こそ天性の王者にして戦士である」と。

あの雄弁の時代に、オッシュは沈黙をもって二十四年間、総司令官の地位を全うした。伝記作者は次のようにこの点を評した。「統率の習慣により早くから老成し、彼の激昂癖や懸河《けんが》の弁は冷厳と寡黙に道を譲った」と。

実際、ナポレオン・ボナパルトほどの沈黙漢がかつていたであろうか。皇帝ナポレオンは時には胸中を漏らすところもあったが、それは政治面に限定されていた。軍人ナポレオンは寡言にして動ずることがなかった。偉大なるナポレオン軍には、この主人を範として、厳然たる沈黙が存在していたのである。「将校たちはトラピスト僧的沈黙を厳守し、その口は命令伝達に際してだけ開かれた。それは珍しいことではなく、第一帝政時代の高級将校や将軍たちの態度は常にかくあったのである」とヴィニィは書いている。

　また、第一次世界大戦の参加者であるならば、長たらしい懇願調の命令を下す指揮官には兵士は不信を抱き、簡潔で冷静な命令を下す指揮官には敬意を払って、勇躍奮戦したことを何度も目にしたものである。

　しかしながら、指揮官の意識的不動の姿勢も、部下がそこに彼の断固たる決意と旺盛なる戦意の存在を直観して初めて威力を発揮する。

　いわゆる、不動の人が転じて謎の人、次いで、無能の人の評価を受けるのはしばしば我々の耳にするところである。賭博者の優雅さは賭け金の上昇につれてますます彼が冷静になるところにあり、役者の迫真の演技の効果は抑制された感情にあるように、指揮官の統率力は内に絶大な力を秘めながらもそれをぐいとおさえる自制心から生ずるのである。

　バレス(54)は明朗豁達《かったつ》、情熱、威厳、激烈さを秘めたアレキサンダー大王の肖像を見つめるだけで、言語に絶する試練の中で、反目しあう将校団と騒乱好きな兵士団を統率し、あの御し難く腐敗の極にあった世界にヘレニズム文化を受け入れさせ、十三年間も君臨した大王の権威の源泉を感得することができたのである。

さらにいえば、緊迫した事態に対して、大局を摑み、要点に楔を打ち込む能力と結果に対する責任を一身に負う気概、これこそが人が指導者に求めるものである。そして、上に立つ人物は全体の精神的推進力となり、気骨《カラクテール》を体現する精神的支柱となってこそ、その存在は正統化される。

さもなければ、支配の特権、命令権、与えられる尊敬、誇り、便益、名誉、栄光はなにゆえに保障されるのであろうか。彼は危険に身を挺せずしてこれらの恩恵に何をもって報いんとするのであろうか。

服従というのは、それを要求する者に何の効果ももたらさないとすれば、耐えがたいものになるであろう。しかも、その者が思い切って何かをしようとせず、決断もしなければ、服従から何も得ることはないであろう。

頼みの指導者を失うことによる混乱の痛手を経験したことのある民族ならば、そうやすやすとそのような人物にいつまでも騙されはしない。

熟練の水夫といえども船頭がいなければ船出をしないし、怪力ヘラクレスを四人集めても指導者がいなければ烏合の衆にすぎない。行動に直面すると群衆は恐怖を覚えるが、ひとりひとりの恐怖が伝染して全体を恐怖で覆いつくす。「恐怖は人間を集合させるバネである」とアルダン・デュ・ピック[55]は恐怖と軍隊の関係において述べている。

救命ブイが船客を安心させるように指揮官の気魄は部下を毅然とさせる。危険に遭遇すると人はまず指導者に気魄があるのかどうか、それは信頼できるのかどうかを知りたがるものである。

上下関係にしがみつくだけの俗吏には一片の威信もない。彼等は伴食の徒であり、危険が迫まれば、成すところなく毛布のかげで震える懦夫《だふ》である。彼らは平気で節を売るモリエール[56]の「萬屋ジャック」的人物である。

ところが、こういった輩はしばしば役人として、軍人として、また、大臣としてうまく処世し、慣習と規定が与える一応の尊敬さえ獲得する。パスキエ公は「十三もの宣誓をしたにもかかわらず」、そうした尊敬を手にしたと自負していた。しかし、いかに彼らが奸策を弄しても、民衆の信頼や情熱的共感は得られない。

このような信頼や共感は言行一致、苦難を使命とし、一身をなげうつ指導者にだけ与えられるものである。かような人士からは人を安堵させ、希望を抱かせる磁気が発散しているのである。そして、従う者たちは彼の存在を目的そのもの、希望そのものと見て、ひたすら献身する。もはや、事の成否など問題ではないのである。「我らは今日、勝利するであろうか」というシーザーの問いに百人隊長は、「陛下は勝利なされます。私めは今晩生きておりますやら、死んでおりますやらわかりませんが、必ずや、陛下の御意にかなう働きをしておりましょう」と答えた。アノの戦いの勝利はコワニィを狂喜させた。なぜならば、それによって、「敬愛する皇帝が幸せな一日を過せるから」である。

指導者の事業は偉大さを必要とする。人間は弱いがゆえに、目的に完全性を求め、限界があるがゆえに、無限に願望をふくらませ、自分の無力さを知っているがゆえに、偉大な共同行動への参加を求めるのである。指導者は人間のこの曖昧模糊とした願いに答えてやらねばならない。

こうした気力なしには自分の意志を他人に強要することは不可能である。群衆を率いる者はすべてこの勘所を知っているものである。気力は雄弁の根幹である。いかなる演説家といえども、論題が低級であれば高邁な識見抱負は語れない。

気力は事業の梃子《てこ》である。それゆえに、銀行家のパンフレットは進歩を引き合いに出す。これは、また、政党の跳躍台でもある。それゆえに、各政党は万人の偉大な幸福を説いて止まないのである。指導者の下す命令は、気高さを有していなければならない。

指導者は、高く大きな理想を胸に抱いて大所高所から物事を判断しなければならない。そして、せま苦しい巷で角突き合わせている庶民の俗事に超然たるべきである。

些細な俗事を思い煩うのは民衆の宿命である。しかし、指導者たる者は些事に一瞥もくれてはならない。俗物は慎みのないものである。しかし、指導者は野卑な言動をとってはならない。とはいえ、これは品行方正とは異なる。福音書的完璧さは影響力を持たない。大事を成す人物がエゴイズム、自負心、冷酷さ、策略をもっていないなどとは考えない方がよい。それらが偉大さの実現の手段であるならば、すべて許されるし、時には、かえって、そのような欠点そのものが統率力を高めるのである。

指導者は民衆の秘かな期待に偉大さという満足を与え、また、服従に代償を与えて、彼らを誘導していくのである。たとえ、彼が中途で倒れたとしても、彼が示した壮大な夢は人の心にいつまでも焼きついているものである。

ところが、指導者が一度《ひとたび》、俗塵に塗《まみ》れ、小成に甘んじるならば、すべては一変する。そのような指導者は、よき公僕ではあっても、民衆の夢と信頼の体現者たりえないのである。

政治にしろ、宗教にしろ、軍事にしろ、指導者とは、偉大な理想と一体化し、他人から最高の能力を引き出し、彼らを縦横に活動させることのできる者であるといえる。

彼らの指導力は利益よりも偉大さを示唆するところから生じ、名声はその事業の効力よりもその壮大さから生まれてくるのである。時には、理性がそれを批判することもあろう。しかし、感情は常にそれを賞讃するものである。

偉人投票では、ナポレオンはいつも農学者パルマンチェの上位にある。反逆者や過激行動家が単に犯罪行為を犯しただけにすぎない場合でも、後世に悲愴であっても名を残すことがあるのは、彼らが偉大な理想をかかげていたという一点にあるのである。

重厚さ、気骨《カラクテール》、孤高の精神、こういった威信の条件をそなえるには、大多数の者をたじろがせるような努力を必要とする。

終わりのない自己抑制、常に予測される危険は、骨の髄までその人の人格を苦しめる。それゆえに、この威信を体得せんと努力する者は、あの一歩ごとに肌を引き裂く馬尾《ばす》毛製の衣を着た苦行僧にも似た苦しみに常にその魂をさらすのである。

ここに、功なり名をとげた人物が突如として責任を放棄して引退する理由の解答もある。孤高を貫《つらぬ》く指導者には、気安さ、親しみ、友情がもたらすような甘美なものは許されない。

ファゲ(57)の言った「最高者の悲哀」という孤独に彼らは殉じている。満足、安らぎ、喜びといった世間的幸福は指導者には無縁のものである。覚悟を必要とし、道は厳しく険しいのである。

それゆえに、人、物を問わずすべて偉大なものからはある名状しがたい沈うつの気がにじみ出ているのである。古く床しいあるモニュメントを前にして、ある人がナポレオン・ボナパルトに言った。「哀《かな》しい」と。ナポレオンは答えた。「その通りだ。偉大さとは哀しいものである」と。

時代の精神が旧時代的威信を打ち砕くとき、個人の権威の根底も覆るが、既成の組織の世俗的な威信もそのまま打ち砕かれるわけではない。

III

組織自体が変質したのではなく、批判や軽蔑が組織を締め上げ、激しく打ち砕くのである。

軍隊がまず、この屈辱に苦しむことになる。フランス軍の場合、力戦苦闘した翌日にこの屈辱を受けただけになおさら、その精神的打撃は大であった。軍人はこの道徳的頽廃に驚き、かつ憤慨した。もはや、正義は通用しなくなっている。国家は重大な危機に瀕している。

しかし、それはなぜであろうか。それは他の人々と同様に、エリートが威信を喪失してしまったからである。軍隊が威信を回復するには、法律、要求、神への祈願よりも精神的自己鍛練の方が必要である。

卓越した人傑が孤独に徹して地位を堅持したように、軍隊もこの自己抑制と超俗の精神に徹していわゆる、古今不変の軍人らしさを回復させねばならない。

いうまでもなく、この軍人らしさほど軍人及び軍隊を引き立たせるものはない。これは内なる力の充実から生まれてくる軍人精神のことであり、これが凝縮されて輝き出せば自ずと尊敬は高まってくるものである。

軍人たちは、不自由な拘束を受け入れてきた。居住地選択の自由、言論の自由、服装の自由を自ら進んで捨ててきたのである。

彼らをここに留め、あそこに行かせ、家族から離別させ、個人的利害から遠ざけるには、一つの命令だけで十分である。指揮官の一言で兵士は起床、行進、突撃を敢行し、また、睡眠不足、食糧不足をものともせず、疲労をいとわず、任務に専念し、味方が潰走しても生命を惜しまず、務めを果すものである。

この苦難という運命、この犠牲という使命。有史以来、軍隊は、こうした運命と使命から成り立ち、そこに存在意義と喜びを見い出してきたのである。一途に苦闘の成果を他に与えるのが軍隊である。しかし、感情や思想の整理も、価値観や関係性の規範もなく、この孤立した世界の中で、特異な理想を追求する軍人はいかにして生きていくのであろうか。それを可能ならしめるものは軍人の超俗精神である。

軍隊の精強は、建軍と士気の根幹である超俗精神によって支えられているのである。まさしく、軍人を孤立させるこの超俗精神こそが威信を高める。偉大なる精神の力が生み出すものに対して民衆は尊敬の念にうたれる。そして、厳正なる軍紀は必ずや人の心を打つ。

いつの時代においても、戦う軍隊、苦闘する軍隊、凱旋する軍隊は、文学、演劇、音楽、絵画、彫刻、建築、舞踊の無限の発想の泉であった。人々がこの歴史を忘れようとしても、伝説や、絵画や、詩が、かかる軍隊の栄光がいにしえの民に及ぼした影響の大きさを充分に証明するであろう。

また、現代でも、子供の戦争ごっこや、フランスの一元帥の棺の前にたたずむ人々や、行進する軍隊の光景を見ようとして駈けよる人々を見れば、軍隊と人々の心との関係を理解できよう。

戦争になれば、民衆は軍人精神を精神的支柱として行動する。ところが、この事実は必ずしも正当な評価を受けていない。少なくとも、危機が去ると特にこの評価は一変する。

多くの談話、書物、映画などは大試練においてみんなが自主的に行動してきたかのように描写する傾向にある。そこから、支離滅裂で不自然な戦争描写がつくられるのだが、これは非人間的で機械的ですべてをなぎ倒すような戦争の現実には全く対応していない。このようなウソは新聞のオピニオン欄に任せておけばいい。

プロの軍人は次のようなことを心得ている。戦争の恐怖の中では、集団の能力だけが価値を発揮する。困難な戦況には、ほとんどいつも同じ部隊が投入されるのである。軍とは無関係の自主的精神によって兵士の任務を果す者はごく少数のエリートだけにすぎない。それゆえに、哀《あわ》れな兵士に任務を全うさせ、無私、盲信、忍従を引き出すには、兵士の心を一つにする軍人精神が必要なのである。

第一次大戦後、兵士はこの比類なき精神の力を軽視したが、これを回復させるためには、ある種の物質的、精神的緊張が必要なのである。現代のフランス軍は変質して極端にだらけきってしまって、発展期に有していたあの精神的活力を失ってしまった。

階層秩序の崩壊、終わりなき組織改革、頻繁な将校の人事異動は、もともと分散流動の激しい兵士の統率をいっそう困難なものにした。軍隊特有の人間関係は、常にバラバラになったり、まとまったりということを繰り返すのだが、評価と強制のための安定的で望ましい状況を兵士たちにもはや提供できなくなってしまった。その上、無駄な仕事が無限に増大し、将兵の活動は、煩雑な手続き、書類、雑役、管理事務に殺がれるようになってしまった。

往年の凝縮していて引き締まった軍隊らしさは消えうせ、現代の軍隊は、先人が苦労してつくりあげたものの残骸を有しているだけにすぎない。しかし、ひとたびこの激動が鎮まれば、軍隊は本来の姿を取りもどし、軍隊を他と区別する真髄を磨き上げ、かつての軍人精神を回復できるであろう。

しかも、現在、こうした大事業にふさわしい精神、つまり、協力精神が出現してきている。今日、個人主義の行き過ぎが問題視され、いたるところで、協力の必要性が明白になってきている。

すべての職業は共同作業化している。すべての政党は団結のため、秩序と除名だけを語り、スポーツ界は連盟化し、チーム編成化している。同時に、凝縮化と加速化が進む今日の生活形態は、作業場に、事務所に、そして、巷に、我々の父祖であれば、従わなかったであろうような厳しい規律を課している。

機械化や分業化は、空想や気まぐれの余地を日々縮めている。職業や生活環境のいかんを問わず、時勢は労働や余暇を平均化し、教育を画一化し、住宅までを均一化してきている。パリに端を発した流行はシドニーからサンフランシスコにまで及び、人は同じ型の服をまとい、何やら人の顔までが似てきはじめている。「人間は都会を指向する」というメーテルリンク[58]の言を待つまでもなく、人間の本質は孤立や自由奔放を嫌うものである。この心理を活用できるかどうかは軍隊次第である。ともかく、部隊編成、規則、教練、制服は、労働組合、交通法規、テーラーシステムのような労働合理化方式、デパートの時代に全く矛盾しない。

しかし、軍隊が往年の士気と自信を回復できないとすれば、こうした革新をいかに理解していけばよいか。

決然たる気骨《カラクテール》が眉宇にみなぎっていないならば、いかに重厚に振舞おうとも、威信に欠ける。同様に、自己と自己の運命に対する自信に欠けているならば、いかに近よりがたく威儀を正したエリートであろうとも人を支配できはしない。

フランスの貴族が国政よりも自分の特権擁護に情熱を傾むけ出した日に、平民階級の勝利は決定した。軍隊の存在価値は軍人の独立自尊の信念から発するのであるが、今、この炎は揺らいではいないだろうか。

前代未聞の戦乱のあと、諸国民はかつてないほどに戦争を憎悪している。最大の試練をなめて勝利を得たが、何の利益も得るところのなかったフランス人はいま、この惨禍に呪いの言葉を浴せかけている。

このような世論自体は健全なものだ。国民が後悔するのはよい。だがもしも、国民全体が後悔するばかりで自滅だけを夢想すれば、その民族は遠からず滅亡してしまうだろう。

戦争嫌いは軍隊嫌いに発展する。これは歯の痛みと歯医者嫌いを直結させる心理現象と同じである。全く望まない試練のために命をささげるということ。これは群衆には耐えがたいことである。一方、政治家や軍人は、人道的思弁的な観点から戦争を嘆くように見えても、戦争が開く可能性に出世のチャンスを感じ、戦争が惹起する問題に対して技術的な関心を寄せる。しかし、それは戦争に何も期待しない群衆にとってはあまりに不愉快なことである。

それゆえに、今日的な風潮に乗って、フランスの剣《つるぎ》もつ者たちの国土防衛の信念に冷水を浴せたり、これを侮辱するようなことは断固慎むべきである。

幸福を満喫しているこの国民に、遺恨を持つ敵が隙をうかがっているこの国に、そして、一つの敗北で、首都もたちまち敵の砲火にさらされる国境を持つこの国家に、剣もつ人々が与えてくれている保障の意味を我々は考えてみるべきではないだろうか。

時代の感動のこもった期待を受ければ、当然、兵士は自分の使命に対して不動の信念と誇りを抱くものである。軍隊の問題点を指摘するにしても、兵士のかけがえのない任務に敬意を表すべきである。

破壊が兵士の務めである。死者、失われた財産、灰燼に帰した国土、こういった忌まわしい総計が彼らの決算書である。無限の労働、気力の消滅、幸福の浪費、その後に続く、大地の荒廃、大火、飢饉、これこそが戦争の結果である。

しかし、兵士たちの保護によりどれほどの数の者が誕生し、その生を全うし得たことであろうか。彼らの奉公なくして、どの民族、どの都市、どの国家が建設され得たであろうか。また、兵士がいるおかげで安心して農民は生産にはげみ、職人は製作にいそしめたのである。

軍隊の運命と結びつかない物質的進歩がどこにあろうか。数々の富、陸路、海路、機械のうち征服者の欲望から生まれなかったものがいくつあろうか。

兵器はいつの時代においても野蛮人の道具であった。それは精神に対する物質の勝利、しかも圧倒的勝利を保障してきた。絶えず、理性は抑圧され、正義は愚弄され、才能は抹殺されてきた。軍隊の擁護しなかった過ちはなく、武力に訴えなかった無知蒙昧の民はなく、武器を振りまわさなかった野蛮人はいない。

しかしながら、軍隊から発した光はしばしば知性の領域を輝かしたし、軍隊の要求に応えて科学や芸術は人類にすばらしい知識と発想の泉を開いた。高度な思索の目的であり、崇高な研究の対象である兵器は、天才に愛されるだけのものを持っていた。

軍隊は人間の悪しき本能を根底からかき立てる。殺人を奨励し、憎悪をあおり、強欲の炎を燃えたたせる。弱者を押しつぶし、資格のない者を称揚し、専制政治を擁護する。軍隊の盲目的な猛威の前に、すばらしい計画は流産し、高潔な運動が挫折し、絶え間なく、秩序は破壊され、希望は覆され、予言者は死を与えられる。しかし、魔王ルシファがこの暴力を使ったからこそ、使徒は天使の御手に抱かれたのである。

軍隊のある美点が、人間の根本精神を豊かならしめたのである。人間の最高の勇気、犠牲的精神、精神的偉大さなどである。

虐げられた人には気高さを、罪人には汚名返上の機会を与える軍隊は、凡人から自己犠牲を引き出し、碌で無しに名誉を、奴隷に威信を与えてきた。思想を伝達し、改革を推進し、宗教を広め、世界を変え、すばらしい平和な世の中にしたのは他ならぬ軍隊である。軍隊の血まみれの努力なしには、ヘレニズム文化も、ローマ帝国も、キリスト教も、人権思想も、近代文明も存在し得なかったであろう。

軍隊はこの世界を呻吟させもしたが、また、つくりあげてもきたのである。軍隊は最善も最悪も、最も偉大なことも最も恥ずべきことも、恐怖のどん底に突き落とすようなことも、栄光に光り輝くようなこともしてきた。卑劣でもすばらしくもある軍隊の歴史は、人類の歴史である。思想や行動と同様に軍隊とは、多様かつ普遍的であり、そして、永遠に存在しつづけていくものである。

昔の兵士の役割は非常に広範なものであったが、現代ではその役割は縮小の一途をたどり、現代世界は軍隊なしに存立し得るといった幻想がある。

ところが、現代の政治、経済、社会、道徳は、はっきりいって、砲の一撃に限界づけられたものである。こういう時代に先のような幻想が広まっているのは、それ自体、奇妙なことだが、こうした幻想は民衆に慰めを与えるのである。

しかし、戦士はそれにいつまでも騙されはしない。この十二年間、ライン河の防衛、フランクフルト、デュッセルドルフ、ルール地方占領、ポーランド、チェコへの援軍派遣、シレジア、メーメル、シュレヴィック駐留、コンスタンチノープル警備、モロッコの治安回復、アブデル・クリム[59]、タザの帰順、サハラアラブの襲撃阻止、中近東におけるわが地歩の確保、シシリア侵攻、ダマスカスからのファイサル[60]追放、ユーフラテスおよびチグリス地方への進駐、ジェベル・ドルーズ[61]の反乱鎮圧。そして、アフリカ、アメリカ、オセアニアにおけるわが植民地すべてに武威を示し、インドシナの慢性的擾乱を封殺し、動乱と革命の中国におけるわが既得権を確保するというように、戦士は過大ともいえる任務を要求されてきたのである。

このような将兵の働きがなければ、わが帝国フランスはたちまち崩壊していたであろう。ちなみに、一九一八年の休戦以来、各地の戦場で命を落とした一〇〇〇名という将校の数は、大ナポレオン軍がウルムやオーステルリッツやイエナやエイローの戦いに失った総計を凌駕するものであり、また一八七〇年の普仏戦争におけるヴイセンブルグの朝からサン・プリヴァの夕べまでに落命した将校の数を上回るものである。

いかなる名目で、また、いかなる動機で軍人は自らの誇りを捨てられるだろうか。現在、設立されつつある国際秩序〔国際連盟〕に関して申せば、この機構を維持し、その権威を保障する武力なくしてどうするつもりであろうか。たしかに軍隊の唯我独尊の誇りは、もはや正統性も必要性も認められなくなっているだろう。

しかし、軍人が同時に犠牲的精神までも失っているのであれば、それは軍隊自身にとっては不毛であり、国民にとっては耐えがたいものとなるだろう。実際、この犠牲的精神の中には批判を許さぬある偉大な要素が存在しているのである。個人の献身と全体の栄光との間には奇妙な、しかし論争の余地のない関係が存在している。

生まれつき利己的なわが同胞も、ある人が全体の調和のために己を殺すのを見れば深い感動を覚える。建築、庭園、楽団で体現される美と同様に、個々の兵士が自分を殺して縦、横一線に整列した姿には美しさがある。個々の将兵が引き受けた犠牲に基づく軍隊の栄光も同様だ。この種の威信に異議をはさむ者はいない。時代は変っても、果たされた大義に対する人の感情は不変である。

ユーフラテス河のほとりに朽ち果てた古代ローマ軍の哨所跡を発見したとき、旅人は三世紀当時と同じ感動を覚える。『食人鬼』[62]が引き起した戦争憎悪にもかかわらず、全ヨーロッパ人はハイネ[63]の「二人の擲弾兵」[64]を愛唱した。近代戦争の狂暴さにもかかわらず、人は敵兵の墓地に敬意を表するにやぶさかではない。口をきわめて戦争を呪う者でさえも、自分の勇戦奮闘となると、その機会さえあれば倦まず物語る。

最近、軍人は、自分の奴隷的境遇にある種の苛立ちを見せてきた。いつの時代においても、おそらく、兵役に服する者たちは個人的利益が絶えず犠牲になることに不満を抱いていたことであろう。ことに、フランスでは、軍人は不平や小言をいうものと決まっていた。しかし、昔は、それはほんの表面的不満にすぎなかった。本心では、将兵は自分の名誉と自己犠牲は表裏一体をなすものであることをよく理解していた。

ところが、最近、この理解がやや不明瞭になってきている。軍隊においても、物欲への無関心や野心の抑制は、少なくとも以前ほど見られなくなった。出世欲や金銭欲が頭をもたげている。

現代人はこの風潮の由来をあまりにも安易に解釈しすぎている。戦争の打撃を国家のどの部門よりも強く受けた軍隊に対するここ数年の過度な批判は、反発を招かずにはいられなかった。昔は気にする必要もなかった収入が、生活条件の変化により将兵の頭痛の種となり、また利益偏重の時代精神がさらに彼らの禁欲の鉄環を重苦しく感じさせている。

ところで、破壊された富の再建が必要な社会にあっては、営利主義や営利競争は有益なものと首肯されるにしても、この風潮に対する軍人の嘆き――根本において間違っていないのだが――が、失望と羨望の様相を帯びているのはまことに遺憾なことである。

戦士といえども人の子である。時代の精神的動向を避けて通れるものではない。ところが、これを是認したり、さらに悪いことにこれを吹聴すれば、戦士は自分の権威を自ら失墜させることになるのである。

しかしながら現在、犠牲の祭壇を再建するのにふさわしい新しい雰囲気が、軍隊のために生まれようとしている。

拝金主義の時代はまさに終った。時勢の振り子は均衡に向いつつある。破産、スキャンダル、訴訟騒ぎはあるにしても、精神的価値が、再び人の尊敬を集めるようになってきている。兵役がかつて以上に偉大さを現わす日も間近い。損得を度外視した献身を美しいと思う日が遠からずやってくるのは疑いのないところである。

フランソワ・ド・キュレル(65)が感動的な成長と呼んだあの開花を呼びかける日光を求めて、水面に出ようと懸命の努力をする水生植物のように、暗黒のなかで立ちすくんでいたフランス軍は、今や、向上せんと立ち上がり、威信の熱と光を捜し求め始めた。

つらい仕事であろうが、必ずや、それなりの報酬を味わえることとなろう。なぜならば、「太陽は確実にそこに存在しているのであるから」。

ドクトリン——固定した原理、原則

「戦争に原理はある。
しかし、それは極めてわずかである」
ビュジョ

I

兵力の節約か兵力の集中か、そして正面攻撃か突破攻撃か、奇襲か万全の準備かといった用兵の原理は、適時適所に応用されてこそ価値を発揮する。こういうことは幾度《いくたび》、述べられてきたことか。この認識は何も軍事だけに限定されるものではない。軍事、政治、産業、万般の行動を律するものである。

各特殊状況を適確に判断すること、これこそが指揮官の最も重要な役割なのである。状況を認識、把握、活用できれば勝利者となり、状況把握を怠り、判断を誤り、状況を無視すれば、敗北者となる。

戦争では指揮官は常に不測の事態に応じて適確な行動をしなければならない。精鋭部隊を率いて万全の布陣をなしていた将軍が敗北を喫した。なぜか。彼は敵状を無視したからである。持続性と意志を有し、しかも、強大な国力と強固な同盟国を有する政治が失敗することがある。なぜか。時代の性格を見抜けなかったからである。高能率の設備を持ちながら市場状況に不明であったばかりに破産する産業もある。

フランスの軍人は、戦争が必然的に抱える経験主義的な面を認めようとしない傾向がある。この傾向は、すべての基礎となるべき状況把握を軽視して、行動方針をア・プリオリに決めるようなドクトリンを打ち立てようとする。実際、この種の自己満足の傾向がいたるところで見られるが、これは、上位にいる指揮官ほど危険なものとなる。危機や不測の事態を回避し、コントロールできる手段を所有していると信じ込むことで、人間の精神活動は弛緩し、未知の状況を無視してもよいという幻想が生まれてくる。

おそらくフランス人の精神は抽象的なもの、体系的なもの、あるいは、絶対的なものや分類可能なものに特に強く魅かれる。この傾向は、思索においては明らかに有利なものとなるが、行動判断においてはミスを招きやすい。

古き良き時代には、尺度や具体的なものも尊重しつつ、法則に従うことでフランス人は自らの長所を失うことなく危険を避けることができた。デカルトの『方法序説』とボシュエの『世界史論』を生んだこの世紀は、リシュリューの現実主義政治や、チュレンヌの客観的戦略や、コルベール(66)の実用主義的行政の時代でもあった。

各時代は、それぞれ固有の戦術を有する傾向にある。そしてある時期以降、外交問題の基礎には「民族」と「国家」がかかげられ、あらゆる国内問題の解決策は「自由」にあり、この「自由」が既成の組織や義務を完全に代行し得るものと長い間、信じられてきた。この時期、軍事的知性の方も、ア・プリオリのドクトリンを打ち立て、偶然性を無視して理論的演繹から導かれる結論を軍事行動に当てはめようとしたのである。

おそらくこの現象は、十九世紀のヨーロッパ秩序と、諸国家の力関係の根本的な変更の間接的な影響を受けたものでもあった。

カール五世[67]の没落後、フランスは他の列強よりも自国を優れたものとみなす習慣を持った。フランスは最も人口が多く、最も文明が開け、最も富める、最も中央集権化した国家である、と。

ところが、十八世紀以後、特に一八一五年のナポレオン没落以後、フランスは遠方に、そして、周辺に、自分の国力に匹敵する国家が次々に出現するのを見た。それまで、偉大な国力は、フランス軍にとっての自信の基礎であった。ところが、その基礎が崩壊の危機に瀕したのである。フランス人は是が非でも別の基礎を見つけ出そうとした。それが、理論だったのである。

早くも、十八世紀に、絶対的戦術論が現われた。この理論は、百科全書派や社会契約論を讃美する当時の体系的理論嗜好によって支持された。

フレデリック大王の勝利はことに強く、軍事的空想をかき立てた。大王の戦史からフランスの軍人は必勝法を引き出さんと欲した。ある者は、このプロシャ王が常に最大の火力の集中をもって作戦を指導したことに注目して、いかなる状況においても、最大数の大小火器を戦線に集中させること、換言すれば、薄い横隊陣型こそ肝要であると結論した。

またある者は、この大将軍が強力な予備軍の攻撃力と衝撃力をもって常に勝利をおさめてきた事実を重視して、何はともあれ、縦隊の密集陣型をとり、敵に突進すべしと主張した。

しかし横隊陣型の信奉者も、縦隊の密集陣型の信奉者も、大王の用兵は、時と場所に従って実行されたからこそ価値を発揮したという点に対する根本的考慮を欠いていた。

幸いなことに、戦いに明け暮れて常に戦争勘を養っていた多くの歴戦の将校たちは、この教条主義《ドグマチズム》に不信感を抱いていた。ギルベールやブローイ(68)らの現実主義的なドクトリンが多くの将校の心を捉えていたのである。

それは状況を重視した理論であり、特に、いかなる状況にも対応可能な陣型の重要性を説いていた。つまり、それは自由自在の、神経の行き届いた陣型のことである。戦力は、各戦況に応じて投入されるべきである、と。

革命時代やナポレオン時代の指揮官にはこの思想が深く浸透し、教条主義《ドグマチズム》を軽視する気風が旺盛で、この気風があの数々の勝利への確かな下準備となったのである。大ナポレオン軍内で、ドクトリンが問題にされたことは一度もなかった。状況の把握、順応、活用がナポレオン用兵の根本であった。彼の作戦や命令のなかには理論の影すらも見出せはしない。

オーステルリッツでは、あらかじめ選定していた戦場までまず後退し、次いで、防御を固め、その日に薄暮攻撃を敢行しただけのことであり、イエナでは、正面攻撃をかけ、プロシャ軍が潰走するまで攻撃の手を弛めなかっただけのことであり、エイローでは、ロシア軍の正面を拘束して、その側面包囲に戦力を傾注しただけのことであり、また、ラオンやアルシ・シュル・オーブでは、不利な戦闘を中断して、状況把握に集中し、つまり、敵状、地形、距離、敵将の性格、敵兵の素質や士気をつぶさに研究した後に、適切な手を打っただけにすぎない。

屈辱の一八一五年、つまりナポレオンの没落後に続く四十年間は軍事思想の睡眠期にあり、軍隊はきわめて不遇の状態にあった。

王政復古時代〔一八一四―一八三〇〕、将校はドクトリンなど全く度外視し、主人を失った悲しみ、遺恨、政治的情熱に駆られて行動したが、いずれの者も、敗戦の苦汁を味わった。フランス軍は、他国との慢性的な兵力不均衡ゆえに動揺し、軍の幹部も組織内に安定したポストを得られなかったのである。

一八三〇年の七月王政から一八四八年の第二共和政までの間、外にあっては、アルジェリア征服、内にあっては、頻発する暴動の鎮圧にかまけて、軍は大戦争に対する沈思黙考を怠ってしまった。

しかし、少なくとも、ナポレオンの下で戦ったビュジョやバラゲディリエ(69)の如き諸将や、その戦《いくさ》の思い出にじかに触れたカンロベール、ペリシエ、マクマオンら若き諸将は伝統を体得し、状況に順応して、これを活用していくという見事な心構えを保持していた。軍首脳部の無能さや軍備不足にもかかわらず、クリミア戦争やイタリア戦線で成功をおさめた理由はここにあったのである。

一八七〇年の普仏戦争に先だつ数年間に、もしもア・プリオリにつくられた軍事論が軍を混乱させていなかったならば、わが指揮官らの素質をもってすれば、普仏戦争という決定的瞬間に兵力および編成上の不利を覆して、フランスは救済されていたであろう。

クリミア戦争とイタリア戦線において、フランス軍は火力の効果を、特に、歩兵の火力の効果をまざまざと経験した。セバストポリにおいて、六月十八日、要塞という物理的障害をあらかじめ破壊したあと、わが軍は突撃を敢行した。ところが、敵歩兵の銃が果敢なわが兵士の突進を阻止してしまったのである。これはわが軍にとって初めての経験であった。

短期間ではあったが、イタリア戦線にも、これに類する戦例が無数に溢れている。サンマルチノ堡塁の奪取を敢行したわが近衛擲弾兵の半数を倒し、ポンテ・ヴェキオでは、ニエル軍団とカンロベール軍団の数個連隊を壊滅状態に陥れ、マジャンタ河畔では、マクマオン軍団を死屍累々たらしめ、メレニャノでは、バラゲディリエが投入した三十三連隊を瞬時に三分の二に減少させ、ソルフェリノ付近では、近衛小銃兵とネグリエとバゼーヌの両師団の将兵数千名を殺したオーストリア軍の火力は、わが兵士にも指揮官にも忘れがたい印象を与えた。

この鮮烈な精神的衝撃のあと、直ちに、シャスポ銃、次いで、機関銃がわが軍に装備され、際立った装備上の優位が確立したのである。

広い射角と遮蔽物を有し、強力な歩兵の火力を配置できる陣地選定が、場合によっては戦局のすべてを決定してしまうことに当時の軍人は驚愕したものと考えられる。実際、そこには、戦術の面で、深く考慮すべき新しい重大な要素が含まれていたのである。

すなわち、新兵器の特性にしたがって、防御のための陣型と兵力配分を根本から改めること。射撃のための空間を確保すること。部隊配置において、特に陣地の占拠において、シャスポ銃の火力の集中を重視すること。こうしたことは、論理的かつ賢明なことであった。

しかし、わがフランス人の理論癖は、これだけで満足しなかった。小銃と機関銃の射程距離および射撃速度から、一つのドクトリンを、つまり、陣地に関するドクトリンを導き出さんと欲したのである。そこから、あらゆる状況に適応できる万能の普遍的原理を引き出せるものと信じたのである。状況のいかんを問わず、敵が攻撃を企図すれば、瞬時に、あらかじめ選定された陣地からの火力によってこれを粉砕できる、と。しかし、速射火器を装備しているという事実は重要であるが、それだけの事実から戦闘全般にわたる原理を引き出さんとするのは致命的な誇張であった。

このようなていたらくであったから、一八七〇年に、フランスの将軍らは歴史の七不思議ともいうべき消極性を暴露してしまったのである。勝機は再三あったにもかかわらず、逸してしまった。なぜならば、ドクトリンに合致するような戦機がついに到来しなかったからである。彼らは状況、特に敵状を知る努力を怠った。将軍らによれば、重要なのは火力であって、既定の陣地を確保してそこで敵を待つことであった。敵の戦略、戦力、配置などは、戦場における判断にとって第二義的要素にすぎなかったのである。

ワイゼンブルグにおけるアベル・ドウェイ将軍の狼狽、フルシュワイレル付近において執拗な陣地防御以外にうつ手があるなど思ってもみなかったマクマオン元帥の態度、スピッツヘルン付近でプロシャ軍第十四師団の錯誤の後、絶好の攻撃の機会が訪れたにもかかわらず静観したフロッサール軍団、八月六日、陣地から歩行数時間のところで、フロッサール将軍とマクマオン元帥が苦戦しているにもかかわらず傍観してしまったバゼーヌ軍団とド・フェイ軍団の消極性、八月十六日、プロシャ第三軍撃滅の戦機を逸したメッツ軍、八月三十一日、セダン付近で、敵の包囲をむざむざ許したシャロン軍の無為無策等は、すべて同じ原因によるものと解釈できる。

この抽象的ドクトリンは、かつて大いに経験と大胆さを発揮した指揮官らをすっかり盲目にし、消極的にしてしまった。こうしたドクトリンが指揮官を敗北に追いやり、その理論が抽象的で恣意的であるほど悲惨な結果を招いたのである。

II

一八七〇年の普仏戦争のあと、軍のための新たなドクトリン構築の任務を担った者たちは、軍人たちがこらえた悲しみによって抽象理論のむなしさを実感するところから出発した。

加えて、この敗戦は貴重な経験ともなった。一八七五年の歩兵操典、またある程度までは一八九六年の遠征軍に関する操典も、彼らの成果である。これらの操典には、戦場における状況の多様性と流動性の重視、多大な犠牲を払って体得した、ア・プリオリに決められた戦略に対する危機感、個人の能力を存分に発揮させる意志が浸透していた。

しかしながら、詳細であると同時に漠然としたこの思考の枠組も、長く通用する軍事思想としては十分なものではなかった。

なぜならば、彼らが求めてやまなかったものを結局見出すことができなかったからである。それは、あらゆる問題に通じる普遍的行動原理である。当然のことではあるが、戦士の生きた体験からは、そのような原理は引き出せなかったので、戦史からそれを引き出さんと欲した。

軍人の研究が戦史に赴くのは自然であり、また有益でもある。ナポレオン戦史や普仏戦史に関するボナルやカルドらの労作はすばらしい反省材料を供給した。また、プロシャ参謀本部の「普仏戦争に関する考察」は貴重な教訓に満ちている。

こういった研究は、一面では、十九世紀初頭の全ヨーロッパに対するわが勝利についての正しい認識を広めてくれたし、また他面では、普仏戦争の悲惨な敗北は、敵の比類なき才能の発露の結果というよりも、わが軍の失策の累積に大きな原因があったということを証明してくれたので、むしろ失われていたかつての自信をフランス軍に回復させる上で大きな貢献をなした。

さらに一八八九年にはわが軍の再建は完了し、国民精神も復興し、そして露仏同盟がフランスに新しい政治的条件を与えた。以上のものは、フランスにその実力と運命にふさわしい自信を与えた。軍事思想も攻撃思想に転じたのである。

この方向転換は有益なものだった。時代の新しい状況に対応したものであるがゆえに、フランス軍が是非とも必要としていた知的、精神的運動の梃子となるのにさして時間はかからなかった。

しかしながら、これが度を越してしまったのである。ナポレオン戦史は、状況、特に敵状把握に注いだ彼の旺盛なエネルギー、偶然的で流動的な戦況にしたがってなされる彼の決断の多様性と柔軟性とタイミングの良さを示す例を随所で伝えている。ところが、彼の大胆な性格と用兵の攻撃的方面ばかりが注目されてしまった。大胆な性格と攻撃的な戦略こそ、ナポレオンならではの美点と思いたがったのである。

一八七〇年の普仏戦争で、プロシャの将軍たちは、猪突猛進して、再三、危機に陥った。フォールバッハにおけるシュタインメッツ将軍や、マルスラトゥールにおけるアルベンシュレーベン将軍は、わが軍の目を被《おお》いたくなるような消極性によって辛うじて敗北を免れたのであった。

ところが、この猪突猛進ゆえにプロシャ軍は勝利したと解釈された。そして、全く消極的な敵軍と会するという好運にめぐまれたプロシャ軍も、戦《いくさ》上手で果断な敵将には何度も苦杯を喫したという点は無視されて、プロシャ軍の積極的戦法それ自体が秀れていたと称されたのである。

こうしてこの世代の軍人は、攻撃こそ最高の価値を有するものと確信するに至った。状況のいかんを問わず、攻撃は絶対的優位をもたらす唯一の行動であるとされたのである。

以後、前衛部隊が確固たる地歩を築くや直ちに、全軍は一丸となって戦線の拡大に戦力を傾注することになった。ついに必勝法が、戦闘行動の絶対原理が、求めて止まなかった不変の用兵の奥義《おうぎ》が発見されたのである。この路線に陥って以来、軍人の思考は抽象に抽象を重ねる方向へと向い出した。戦場の現実から遊離して、それは純粋に形而上学的なドクトリンに変貌し出したのである。

敵を倒すとは突進することである。そして、その突進は敏速であればあるほどよい。突撃に無関係なものはすべて二義的とみなしてよい。こうして火力は次善手段とされた。

すなわち、銃の発射は可能なかぎり遅らせた方がよい。突進する部隊をバラバラにしかねないからである。攻撃命令とともに敵を目がけて突進あるのみ、各部隊は、先陣を切ることこそ自軍の他部隊に対する最良の支援と心得て、それぞれにひたすら突進することだけが重要と考えられた。

時には防御態勢を強いられたが、防御も必要であるという認識は確信を伴うものではなかった。この場合も、火器は重要な戦闘手段とみなされず、反撃のための突撃こそ最大の陣地防御法であるとされた。また、時に必要で、兵士の避難を可能にする要塞も忌むべきものとみなされるようになってしまった。

このような傾向にしたがって状況把握を十分せずに戦場での決断がなされるようになってしまった。前衛部隊はあらん限りの速度で突進し、敵に遭遇すれば状況を無視して、即座に攻撃するよう命令され、この間を利用して展開を終了した主力部隊も、直ちに攻撃に向い、迅速な突進によって即座に戦闘の決着をつけようとする。戦闘における指揮官の攻撃精神や、兵士の犠牲精神に絶対的価値が与えられ、指揮官や兵士の自主裁量や装備以上の能力発揮の源泉はここにあると考えられたのである。

このドクトリンに対して、特に現実感覚の優れた者から厳しい反論がなされたが、それは歴史に記録されるべき議論である。

すなわち、ペタン大佐は言った。「すべての戦争行動の型をア・プリオリに決めることはきわめて危険である」と。ペタンの考えによれば、作戦は、何よりも状況、敵状、地形等を考慮して立てるべきである。チャンスを適確に捉え、不測の事態にも対応するには、陣型は、すべての手段をいつでも好条件下で用いられるものに、つまり柔軟で適切に組み合わされたものにするべきである。つまり、「刀の尖端となるよりも熊手となれ〈攻撃一点張りから用兵の多様化へ〉」と。

敵に遭遇したとき、なぜいつも前衛部隊は判で押したように、やみくもに攻撃する必要があるのか。前衛の指揮官にもっと状況に適した任務を与えるべきであり、作戦の準備と決定のために、もっと自主裁量の余地を与えるべきである。

通常、初戦に備えるための前哨戦である前衛部隊の遭遇戦において、総指揮官は敵をたたく戦場の選定を行うことになるが、その地形は大部隊のゆったりとした展開と迅速な戦力の集中を可能にする条件を備えていなければならない。

そして攻撃の場合、攻撃部隊は終始最大の火力でもって支援され、進撃は砲撃のための陣地確保の進展に合わせて行なわれるべきである。防御の場合も同様に、重要なのは火力であって、それは強力で大量であるほどよい。これによって戦線に最大密度の兵力集中を行なえるのである。

以上のように、ペタン大佐の思想は既成の公式なドクトリンと真っ向から対立するものであった。大佐は主張した。状況に応じて作戦を考案すべきであり、兵力集中、特に、火力の集中はその基本である、と。

ところが、軍の大勢は、機械的に、即座の無謀な攻撃ばかりを志向し、戦闘とは支離滅裂な突撃にありと思いたがったのである。

一九一四年の国境戦において、この形而上学的原理がもたらした戦術的結果の悲惨さは周知のとおりである。敵状を無視して——もっとも、知っていたとしても、作戦には何の修正も加えられはしなかったであろうが――、わが軍はいつも不利な体勢で敵陣に突入することになった。

　それゆえに、前衛部隊は砲兵部隊が支援射撃を開始する以前に、敵に完全に捕捉されてしまい、後続の主力部隊が戦闘に介入する以前に潰滅するありさまだった。その上、後続部隊は体勢の整わぬままに、無秩序状態のまま逐次戦線に突入し、多くの場合、戦争の初期段階から、混乱、各部隊の孤立が頻繁に生じた。

　歩兵は、武器を用いようともせずに我先に急いで突進するので、味方の砲の効果的支援は不可能で瞬時に敵の火器によって制圧されてしまった。わが歩兵が勇敢であるほどその末路はなおさら哀れで、この戦法は、時にパニック状態をもたらした。

　その後、攻撃に転じた敵が遭遇するのは、すでに組織が解体し、不利な地形にへばりつき、統一を欠いた火力しか持たない部隊だけとなる。ここから全戦線からの後退が各個バラバラに始まる。シャルル＝ロワの戦い、ザールブルグ―モランジュ間の戦い、ダルラン―ヴィルトン間の戦いは、まさにこうした経過を辿ったのである。

　このドクトリンは、戦略論にも用いられ、初戦の戦場における判断や決断に大きな影響を与えた。ア・プリオリで柔軟性に欠ける兵力集中、盲目的突進、つまり敵の企図、配置、戦力、地形を無視した作戦である。戦略的要地、とりわけ北フランスの要地が平時には放置され、戦時には簡単に放棄されたのも、この同じ原理からきていた。

マルヌの勝利は、抽象理論を捨て去り、大局的見地に立って戦況を把握し、九月初旬、突如として到来した絶好の戦機を捉えた総指揮官を栄光に包んだ。

どこに勝機があったのか。敵の配置の欠陥、側面を要害の地で保護されていたという地の利、わが軍の士気、わが政府の堅い決意と冷静さである。

この勝利がフランス軍人の抽象論好みを破壊したものと信じる向きもあろうが、そうではなかった。おそらくこの会戦から幾つかの教訓を得はしたが、その理解は緩慢で、まだなお、かつてのドクトリンに未練をたっぷり残していた。

一九一四年から一九一五年のわが冬期攻勢は、わが軍の兵力不足が明らかだったにもかかわらず、攻撃こそ戦局を有利に導く唯一の手段であるとするおなじみの見解に直接由来していた。状況はわが軍に不利で、「敵の銃砲火にわが兵士の肉体をぶつけるような戦《いくさ》はすべきではない」と述べて、戦備を整えてから攻撃すべきと主張した現実主義者の考えはむなしく退けられた。

敵が利用しようとしている要塞をめぐる攻防をわが軍は強いられているだけなのに、その分別がつかなくなって、多くの者は勝利の鍵は敵の塹壕突破にあると信じるに至ったのである。こうして敵陣突破こそ神聖にして最高のものとされた。わが攻撃波がこれを抜けば、勝利は直ちに獲得されるものと考えて、歩兵・砲兵を前線に集結させ、幾重にもわたるドイツ軍の塹壕の奪取に執拗な努力がくりかえされた。

この絶対理念に反対する者たちは、勝利は有利な状況を生かしてこそ達成されるとして、そのためには、まず自分から有利な状況を作り出さなければならないと主張した。

一九一五年以後、第四軍司令官、ペタン将軍は、闇雲な突撃ではなく、「全戦線にわたって持久戦態勢をとり、非常に限られた目標に執拗な攻撃を加え、敵が塹壕から出てきたり、塹壕の防備に手一杯になり、予備軍を動員せざるを得ないように仕向けて、敵の消耗が充分と判断されたとき、最も有利と認められる地点に兵力を一挙に投入せんと企図した」のである。

では、いかにして彼はこの戦法をなさんとしたのであろうか。彼は答えた。「敵の陣地全般に連続的に攻撃をかけることによってである。こうすることで指揮官は、攻撃を中断して再度、新たな準備を整えるべきか、あるいは敵にわずかな時間的余裕も与えずに迅速に行動すべきか。その判断を自ずとつけられるのである」と。

　しかしながら、一九一五年から一九一六年にかけてのわが軍は、依然として一点突破の猪突猛進攻撃を繰り返していたが、この傾向は戦闘を重ねるにつれて徐々に減少していった。

　とはいえ、一九一六年末に立案された作戦計画は、持久戦によってもたらされた有利な状況を生かして勝利を引き出さんとするものだった。実際、そうした有利な状況は、広範囲にわたる持久戦によってもたらされつつあったのだが、またしてもドクトリン至上主義が支配的となってしまったのである。まさに一九一七年四月の攻撃は、戦況を度外視して発案されたものであった。当時の戦況はわが軍に不利であり、敵に対する奇襲攻撃も不可能な状態にあった。なぜならば、ヒンデンブルグ[71]は五月にソンムとオワズから後退していたからである。これは彼がわが軍の企図を知っていたことを意味していた。しかも、この作戦はロシア革命とタイミングが重なった。ドイツ軍には大きな希望が生まれ、西部戦線の増強も可能となっていたのである。

当然、わが軍は、警戒と準備が行き届き、士気旺盛な敵にぶつかることになった。その上、作戦地域の地形は攻撃に不利であり、しかも悪天候が重なっていた。わが国民世論も、虚実入り乱れた無数の情報に一喜一憂する状態で、臆病になり、政府も大いに動揺し、そのことを政界や同盟国や軍の指導者にも隠そうとしない状態であった。

それにもかかわらず、作戦は敢行された。確かに軍首脳部は苦戦を強いられることを認めていた。しかし、それ以上に、攻撃の価値に信を置いていた。作戦の大胆さが戦力不足を補うものと期待したからである。

ところが、その大胆さとは各級指揮官をして好機に勇躍させる大胆さではなく、原理を絶対視するだけの大胆さであり、頑迷固陋を押し通す大胆さであり、現実を直視しない人間離れした大胆さでしかなかった。

またもや、厳しい現実と苛酷な事実を突きつけられることになった。しかも、この大試練は決定的であった。これ以降、わが軍の作戦立案や決断は、現実的で、実証的で、状況把握を重視したものになった。これこそ今次大戦における最大の教訓であった。

フランドル地方、ムース河左岸、そしてマルメゾン方面における、一九一七年夏から秋にかけてのわが軍の攻撃作戦の思想、規模、形式は、当時の全般的状況にかなったものであった。消耗していた軍民の士気の復活、兵力が不十分ゆえに突撃を避け、持久戦と前線にとどまることを強いることで弱まった敵軍の戦力、決定的な好機を待っての兵力温存、わが国の政治家の発言力増大と指揮権の統一に必要な同盟国に対する軍事的威信の回復、支給された兵器を効果的に用いるための十分な教育などがそれである。

状況と好機を巧みに活かすこの方針は、一九一八年春の防御戦にもはっきりと現われた。

敵の戦力が我方を上回っている時期に、そして夏を境にアメリカ軍の増強によって敵を打倒できる戦力を持てることが確実なこの時期に、なぜ出撃する必要性があるのか。依然として、ア・プリオリ尊重のドクトリン派は出撃を主張し、状況重視のドクトリン派は反対したが、勝利が後者の正しさを立証したのである。

七月に入ると、彼我の兵力均衡は崩れた。わが軍が有利となったのである。そして、この傾向はますます拡大するはずであった。敵の必死の努力も挫かれた。これによって敵の士気も低下の一途をたどっていった。わが軍の隠密敏速な集中展開に好適の地形で、敵は不利な状況に追いこまれた。ついに、わが軍に勝機が到来し、この好機が見逃されることはなかったのである。

III

この永く辛い経験は、フランスの軍事思想に消しがたい刻印を押したものと切に信じたい。おそらく、フランス軍はこの現実の戦争の生々しい感覚を長きにわたって抱き続けていくことであろう。

しかしながら、大試練の直後にはすべての者を支配していた、絶対的なドクトリン信奉に対する警戒心、抽象論から解決策を演繹することに対する批判、臨機応変に考案され、身の丈に合った形で準備され、力強く実行される行動精神をフランス軍は果していつまで保持できることであろうか。

すでに、誘惑的な理論が頭をもたげ広まっているのが目につく。この理論は現実を基礎にしているとはいえ、火器の威力を絶対視して、抽象的な演繹から一つの結論を導こうとしているのである。

これは危険きわまりない傾向である。この理論に従えば、作戦の主眼は火力に最大の威力を発揮せしめる陣地確保に全兵力を傾注することになる。

ところで、大小火器に有効な射程や集中度は戦場の地形が決定する。戦場とは横広がりなもの、奥深いもの、起伏に富んだもの、山河によって遮断されたものなどと千差万別で、自軍にとって有利かどうかはそれぞれに異なってくる。

そこから、このうちどの地形が最も有効なのか、ということが重要になる。いかなる場合も、地形の研究から、作戦行動にふさわしい戦場が導き出されてくるのである。とりわけ攻撃においては、この点だけを考慮すればよい。つまり、制圧すべきは、敵ではなく地形なのだ、と。

かくて、重要拠点の制圧だけが目標となり、その他は等閑に付され、広々とした視界のきく高地の奪取ばかりが最優先される。こうして高地ばかりを目指し、周囲の状況、とりわけ敵状を捨象する抽象論に陥ることになる。

いかなる状況においても火器に最適な陣地の確保を目指す機械的な思考は、作戦から柔軟性を奪い、結局は、作戦そのものを無効にしてしまう。隆起した地形を発見すれば、敵は常に攻撃開始となろう。なぜならば、機関銃も届くし、砲も存分に威力を発揮できるからである。

前大戦の特定の状況の中で収められた、たった一つの戦果から、彼らは、再び一つの普遍的法則を引き出そうとしているのである。

特に、各級すべての指揮官に敵状把握を第二義とする習慣がつき始めている。敵の配置、兵力、防御工事、通信連絡、そして自軍の兵力や価値を無視して、要地の攻略だけがすべての問題を解決してくれるものとする態度が出てきている。

かくして、戦う以前に勝機は失われることとなる。状況把握を軽視したがために、わが軍は一八七〇年にも一九一四年にも高い代償を払ったというのに、再びこの風潮が蔓延し始めているのである。

長い戦いを終えて祖国イタカ島への帰途についたユリシーズは、マストにわが身を縛りつけて「人魚の誘惑」に抗した。

フランスの軍事思想よ、ア・プリオリなもの、絶対的なもの、教条主義《ドグマチズム》の誘惑に抗せよ。屈するなかれ。そのために伝統を護れ。われわれは、そこから、精神には大胆さを、作戦には生命を、行動には豊饒さを与える大局観と、洞察力と、現実感覚を汲み取ることができるであろう。

政治家と軍人

「この世の続くかぎり、二人は手を
たずさえて一歩一歩進み行く」
ミュッセ

I

平和な時代の舞台の主役は政治家である。いかなる喝采を浴せようとも、いかなる罵声を投げかけようとも、民衆はこの人物に耳目を集中させる。

ところが、突如として、戦争が舞台裏から別種の人物を引き出して、前面に押し立て、脚光を浴せる。軍司令官の登場である。政治家と軍人の共演が始まる。端役の群れと観衆の興奮の中で、ドラマはこの二人の役者を中心に展開していく。

二人の台詞は相手の演技と呼吸が合ってこそ、アドリブとなり、警句となり、大当りとなる。どちらか一方の応答が欠ければ、二人はすべてを失う。

政府と軍司令部の役割がいかに相違するものであろうとも、両者の相互依存は議論の余地のないものである。軍隊が敗北すれば、いかなる政治の成功も不可能である。また、政治的考察を欠いた戦略には一文の価値もない。

軍団を剥奪されたならば、ローマ帝国といえども、元老院の手腕だけでは何もなし得ない。軍隊を持たないリシュリューやマザラン[72]やルヴォワに何の取り得があろうか。デュムリエ[73]がヴァルミの戦いに敗北していたならば、フランス革命は揺籃期に窒息していたことであろう。ドイツ統一に、ビスマルクと大モルトケ[74]の名は不可分である。第一次世界大戦の大政治家と大将軍は、何はともあれ、勝利の思い出の中に等しく交互に記憶されていくことであろう。

政治家は世論、つまり君主、議会、国民の意見の支配に努力する。なぜならば、彼の行動の源泉はここに存するからである。世論の代表者という権威を冠せられねば、政治家には何の価値も可能性もない。

ところが、世論は有能な人物よりも可愛げのある人物を好み、面倒な議論よりも安易な公約に魅かれるものである。それゆえに、政治家の方も世論を魅了せんと秘術をつくし、時代に迎合して都合のよいことばかり語ることとなる。政権獲得のためとあれば、政治家は善良なる公僕を装い、政敵と公約のせり売りをする。そして、陰謀と誓約の波状攻撃によって世論をついに征服し、彼は政権を手にする。

以後、政治家は真っ正直に行動するであろうか。答えは「ノン」である。彼は、以前にもまして、君主、議会、国民におもねり、彼らの情感に訴え、彼らの関心を魅きつけておかねばならない。

政治家の権力は大きくはあるが不安定である。同志は定かならず、世論は気まぐれであり、もしも彼が世論の先を進めば世論は立ち止まるし、その場に留まれば、世論は彼を飛び越えていく。この世論という恩知らずは、無料で政治家の奉仕を手にせんと欲する。これに成功した場合でさえ、世論は野党の反対意見を悦に入って聞く。失敗すれば、罵倒し、打ちのめす。

一体、政治家の権威は何を支えとしているのであろうか。宮廷の陰謀、閣内の策謀、議会の動向によっていつでも彼から権力を剝奪できるであろう。

一旦、下野すれば、受け取るものは不当な批判だけである。偉大であろうと平凡であろうと、また歴史的人物であろうとなかろうと、政治家は皆、権力の座と無力の座を、威信の座と石もて追われる座を往来する。軍人とは対照的に、その人生と活動は、不安定で落ちつきがなく騒々しいものである。

軍人とは、兵器を使用する職業人のことであり、その力は組織を必要とする。兵器を手にした日から軍人は軍紀に服さなければならない。寛大にして疑り深い主人である軍紀は、軍人の短所を補い、長所を助長するが、逸脱、疑い、飛躍を許さない。それは軍人の人間性の深奥部にまで手を伸ばして、自由、金銭、時には生命の放棄までを命ずる。

これほどの完全なる自己犠牲が他にあろうか。だが、これを代償として、軍人は力の支配者たることを許されるのである。それゆえに軍人は、その重みに呻吟しつつも最善をつくしてこれを守り抜くのである。軍人は軍紀を愛する。耐えることに誇りを感じる。「これこそがわが名誉である」と彼は言う。

軍人は同輩と手を携えて、徐々に昇進する。なぜならば、厳格な階級制度が抜け駈けを頑として許さないからである。軍人には常に目前に渇望して止まないもう一段上の地位と名誉がある。各級指揮官の振う権威は、その部署内では絶対不可侵である。

厳正な軍紀と伝統に支えられた権威の力が指揮官に部下の信頼と威信を与える。軍紀は飴と鞭の両面を持つ。これあるがゆえに、峻厳な、迂回を許さぬ行路を兵士は確かな足どりで進んでいくのである。

政治家と軍人はある共通の事業に相反する気質、手段、配慮をもって対処する。政治家は紆余曲折しながら目的を達し、軍人は目的に向って直進する。

一方は、一歩距離を置いたところから疑り深い視線を投げかけ、複雑な現実に判断を下し、策略と打算をもって解決せんと努力する。他方は、物事に近づいて複雑なものを単純化し、決心さえすれば現実を支配できるものと信じる。政治家はまず言葉を考え、軍人は行動のために原理を参照するのである。

この相違から誤解が生じる。軍人は、政治家を不誠実、無節操、口舌の徒とみなす。厳しい軍紀の中で育てられた軍人は、政治家のペテン師的行動に驚く。単純明快な軍人の行動は政治特有のまわりくどさの対極をなすものである。

移り気、演出好き、人間を力量よりも見かけの影響力によって評価する態度、つまり権威を民衆の好意に依存する政治家には避けがたいこうした特徴は、厳しい任務、滅私奉公、任務貫徹を習慣づけられている軍人を必ず当惑させるのである。

軍隊が国家権力においそれと同意しない理由もここにある。規律を旨とする軍人は服従をいとわないが、心地よいものでもない。軍人の服従は人物よりもその人物の地位に対してなされる。

どのような政治体制下にあろうとも、軍隊には時勢に超然たる独立精神の風が吹いているものである。政治家ルヴォワは、全く王国軍に愛されていなかった。フランス革命軍は、山岳党(75)の時代にはジロンド党(76)に、テルミドール(77)のクーデター後はジヤコバン党[78]に好意を示した。多くの軍人はナポレオンのブリュメールのクーデター[79]に不賛成であったから、ナポレオンは、カルノが抜擢した高級軍人を処分せざるを得なかった。再興された国王軍は十二月二日以後、オルレアン公[80]に忠誠をつくす覚悟をしたが、ナポレオン帝国を悼む感情を隠さなかった。それゆえに、人民投票において、軍人側から多数の棄権が出たのである。一八七一年以後、軍の幹部は共和国の政治的傾向や政治家の動向にほとんど関心を示さなかった。

逆に、軍人気質と長年の規律生活により第二の天性と化した軍人の形式主義、断言癖、厳格さは政治家にとって窮屈であり、鼻持ちならないものに見える。

軍人の行動における絶対性、猪突癖、非寛容性は、無秩序、陰謀、変節の渦巻く世界の人に悪感を覚えさせる。政治家は、軍人に一応の敬意を表するが、内心では彼のうちに偏狭、傲岸不遜、御しがたいものを見ている。政治家は軍隊を使用するにあたって、思想や言葉で誓いはしても、いざ、軍隊の前に立つと何かしら居心地の悪さを感じるのを抑えきれなくなるものである。

それゆえに、能力が万事を制する危機の時代を除けば、政治家は、有能な軍人よりも御しやすい軍人を優遇し、時には優秀な指揮官を平凡な地位に押しやることさえするのである。ところが、その冷遇していた指揮官が大功をたてて没すれば、政治家は臆面もなく彼の栄誉をたたえる一場の演説をぶつ。

しかし、政治家と軍人のこの反目はそれほど憂うべきことではない。両者の均衡は必要ではあるが、国政を担当する者と軍事を司どる者とが互いにある程度の違和感を抱くのは、暗々裡に了解すべきことである。

なぜならば、軍人の支配する国家では、権力のバネが極度に張りつめてしまうもので、結局のところ、これははじけ飛ぶしかないし、近隣諸国にとっての共通の敵になるだけだからである。

また、逆に政治が軍事を牛耳るべきでもない。なぜならば、これ見よがしの情熱、主義のせり売り、主義や政見による人物の選別、こうした政治特有のものは、強きことを第一の美徳とする軍人社会をたちまちにして腐敗させてしまうからである。

それゆえに、両者は互いに理解の場を持つべきであり、協力していかねばならない。肌合いの違う者たちが協調していくには叡智が必要であるが、協調の難しい事柄においてこそ、両者は一致協力して行動しなければならないのである。

秩序が安定し、階級制度が強固な国家では両者の調和はうまくとれているものであるが、危機に際しては、人間の野心と不安が極点にまで高まるので、両者はしばしば決裂する。そして、彼らの相克が対立の直接の原因となり、両者の対立こそが不幸な戦争の原因となることも顧られなくなる。実際、戦争の歴史は平和な時代に始まるものである。

II

祖国が直接脅威を受けないかぎり、世論は軍事的負担を厭うものである。徴兵は、いつの時代においても民衆の憎悪の的である。戦争しない軍隊の費用は浪費とみなされることが多い。そして、軍紀までが自由奔放な民衆の癇にさわり出してくる。民衆の賛同なしには存立できない政治家がどうしてこの感情を無視できようか。なかんずく、政治家には予算成立の義務があり、軍事費はいつも目を被いたくなるような穴を予算にあけるものである。その上、隣国の軍備に絶えず神経を尖らせている他国からの批難は常に政治家だけに向けられる。

したがって民衆の指導者たる政治家は、たとえ好戦的意図をもっているにしても、平和主義者を自称し、軍備に不熱心である風を装わねばならなくなる。それゆえに、これまですべての征服者は臆面もなく平和を提唱してきたのである。

軍事問題が国政担当者の頭痛の種であることは理解できる。なぜならば、いかなる浪費家も吝嗇家も請求書を喜んで受けとりはしないからである。軍備増強は究極的には政治の問題なのであるが、大危機の瀬戸際に至るまで、大臣はその実行を恐れるものである。逆に、平和が到来すると、彼はいそいそと艦船を廃棄し、連隊を解体する。

だが軍人がこの傾向に屈しないのは当然であろう。軍人にとって、強力な軍事力の保持は神聖にして侵すべからざるものだからである。

軍人は、犠牲を本分とし、祖国愛を不動の信仰にまで高める。そして日夜、明日こそ激戦の戦場に臨む日と覚悟しているものである。したがって、彼らにとって、軍備増強ほどに緊急を要するものはないのである。

戦士となるべき教育を受けた者が、このような心情を持つのは当然というべきであろう。もちろん、このことは彼らが戦争讃美者であることを意味するものではない。むしろ軍人ほど戦争の恐しさを認識している者はいない。

しかし、それはそれとして、戦うことに彼らの存在意義はあるのであり、戦場は彼らが存分に能力を発揮できる唯一の場所なのである。ギュスタブ・ランソン[81]は言った。「さあ、彼らの出番である」と。本心から戦いを忌避する軍人などさっさと退役すべきである。元来、自分の武器を鋭すぎるとか頑丈すぎるとか思う軍人などいないはずである。

平和そのものが軍人と政治家の軋轢の原因であるという解釈も成立しうる。なぜならば、一方は値引きを要求し、他方は値上げを要求するからである。

もちろん真新しい惨劇の記憶や目前の脅威があれば、両者は合意する。一八七〇年の普仏戦争の後、軍と議会は心を一《いっ》にして軍の再建に努力した。一九一三年にフランスの政治家は参謀本部の「軍備増強三ケ年計画案」を採択した。

しかし、平時には、服従の習慣を持つ軍人は異議をはさむのをためらうので、人間操縦にたけた政治家は、たくみに軍人の抵抗を骨抜きにしてしまう。実際、国防法案がすんなり成立することは稀れである。必ずや、扇動家の罵詈雑言のただ中で、両者の要求は正面衝突する。

しかし、遅かれ早かれ、予測されたものであろうとなかろうと、不意討ちを受ける形であろうと、こちらから仕掛けたものであろうと、戦争は起こる。

そして最初の剣のひらめきとともに価値観は一変する。日の当たらない場所から檜舞台に登場した軍司令官は身のすくむような権力を突如として授けられる。瞬く間に、彼の身に帯びる権力と果すべき義務とは頂点に達する。他人の生命は彼の意のままとなる。祖国の運命は彼の決断と直結する。全国民の関心は彼に向かう。そして、大臣たちは地から湧き出たこの雄々しく猛々しい権力がわが身に比肩するのを唖然として見守る。

最初のうちは、政治家も軍人も祖国への献身に我を忘れて模範的行動をするから両者の仲はうまく進行する。贔屓目をしなくとも両者は相手の無数の美点を思いがけず発見する。政治家は、日頃の辛辣さと皮肉を忘れ、軍人に対する信頼を深め、軍人も、日頃の無愛想を振り捨てて赤誠をあらわす。

ルヴォワが満腔の熱意をそそいで任務に精励するチュレンヌ元帥やリュクサンブール元帥(82)を優遇したのは、また議会やクラブが革命の情熱を微動だにさせないデュムリエに喝采を送ったのは、あるいは今次大戦において、大臣や議員たちが政権の卓越性をいささかも疑わない軍人に敬意を表したのは、まさしくこのような瞬間であった。

しかし、戦争も喪服と失望が続く段階にさしかかってくる。国民の情熱も峠を越す。報国の義務と法律が辛うじて抑えている国民感情の動向に政治家は動揺する。政治家が戦場に送り出す国民の血と財産を実際に用いるのは、もう一方の指導者、すなわち軍人であり、政治家は、門外漢の干渉を嫌う、遠く離れた戦場にいる軍人たちに、国民の、国家の、そして自分自身の運命を託さなければならない。

この無力感とこの苦悩が重なる時こそ、政治権力にとって最大の試練の時である。政治家が焦慮するのはもっともなことである。軍人に対するかつての偏見が再び頭をもたげてくる。心配を何とかやわらげたい。自らが局外者的立場にいることが耐えがたくなってくる。

戦況は？　作戦は？　どれほどのリスクがあるのか？　軍部のこの性急さ、あるいはこの緩慢さは一体何を意味するのか？　これまでの結果は最後の勝利といかなる関連性を有するのか？　将軍よ、説明してしかるべきである！

国政を担い、外国と交渉し、新たな兵員資材の増強を図るためには知らなければならないのである。そこで、政治家は軍司令官に渋面を向け始める。

だが、軍司令官は気むずかしく、素っ気ない応答しかしない。責任の重大さに彼は以前にも増して頑固一徹となる。

緊張し、精神を集中して、自分にも他人にも無理を要求し、各種の意見、報告、情報の波の中で真偽を明らかにし、本質的なものと付属的なものをふるいにかけ、人々の表面的な態度の下に様々な感情がうごめくなかで、疑いに抗し、恐怖を忘れ、陰謀に耳をふさぎ、いかなる運命、動揺、焦燥が彼を襲おうとも、常に冷静を保ち、決してあきらめず、内心を漏らさず、上官による保護や部下の服従にもかかわらず、自分の能力だけを頼みとして、ただひとり運命と対決していく、そのような義務を課せられている軍司令官が人当りのよいはずがない。このような義務の遂行に忙殺されている彼にとって、大臣の苦労など問題外である。

実際、愚痴を言いたくなるのは彼の方ではないだろうか。この兵力不足をどうしてこれまでなおざりにしていたのか。同盟国の態度保留をどうして調整できないのか。まずはこの人心の不安を鎮静すべきではないのか、と。そして時に軍司令官は、職分内における意思決定の完全な自由を要求し、他人がそれに容喙《ようかい》し疑問を差し挟むことに抗議する。

勝利が迅速にもたらされるのであれば、不安は直ちに解消する。幸せな者に喧嘩なしである。ところが、危機が深刻化し、国民の動揺が高まるのに比例して、政治家の辛辣さは強まり、激化していく。不安にかられた言論界が軍隊の行動をけなして、「取るにたらない小者にいたるまで、ハミルカルの失敗を訂正できない者などいない」〔フロベール『サランボー』第九章〕などと言い出す頃、政治家の周辺は陰うつな顔、険悪な眼、皮肉な口ばかりとなる。

確かに一時的敗北を喫した将軍に激励を与える大臣もいる。オッシュ将軍がカイゼルスロイテルンで一敗地にまみれたとき、カルノは次のような書簡を送った。「失敗は罪ではない。我々は人を結果によらず、努力によって判断する」と。また第一次大戦において、わが惨めな国境戦の後、パリも、ボルドーもジョッフル元帥(83)の判断に口を挟むことはなかった。

多くの場合、戦運に恵まれなかった指揮官は、よく自制して、政治権力を非難することはない。フルシュワイレルの戦いの後、マクマオンは次のように打電しただけだった。「我敗れたり」と。この中には、弁解も愚痴も一切ない。しかしながら、これに対してごうごうたる非難と要求の嵐が巻き起ってくるのである。

オルレアンを撤退したドーレル将軍(84)に対してフレイシネは言った。「この正真正銘のパニックは、一に貴官の決断が招いたものである」と。エチオピア出兵後、不安に気が動転してしまったイタリアの宰相クリスピ(85)は、要衝の地アドゥアを目前にしていたバラチェリ将軍(86)に書いた。「貴官のなしているのは戦さではなくて、戦さごっこにすぎない。我輩が貴官を直接指導できればかくはなるまいものを！」と。

通常は、互いの自制心や愛国心が両者の敵対関係が極端に至るのを防ぐものであるが、時に国家の危機の度合がある限度を越え、両者の感情が爆発してしまうこともある。危機によって冷静さが失われると、政治家も、軍人も、この相互依存関係を耐えがたい足枷のごとく感じ出すのである。

なぜならば、両者には支配欲があるからである。この支配欲が、政治家をして、また軍人をして絶えず絶対権力者の座へとかりたてる。それは彼らに行動を促す刺激剤であり、彼らに偉大さや苦悩をもたらすものでもある。そして、時にそれが両者の衝突を生じさせるのである。

どちらも欲する行動を前にして、どちらの側もそれを独占しようとする。ある場合には、政治家が軍の統帥権を侵害して戦略を指導命令する。またある場合には、軍人が武力を濫用して国家権力を変質させてしまうこともある。

いずれにしても、一方の勝利は他方の敗北を意味する。両者の均衡が失われると、秩序は乱れ、権威と権力は失われる。そして、行動が支離滅裂となり、国家の破綻が駈け足でやってくる。

一七九三年のフランスの内紛は、この権利（政治）と義務（軍事）の不和と混合が原因であった。国王の死後、デュムリエと議会は潜在的な闘争状態にあった。ネールヴィンデンにおけるフランス軍の敗北後、両者は正面衝突した。総司令官デュムリエと議員代表は、総司令部の階段上で対決した。「貴官の将官たる身分を剝奪し、逮捕を命令する。軽騎兵！　ここにいる将軍らに縄を打て！」。デュムリエは逃亡した。そして、議会の軍事委員が全権を握った。

この処置に利点が全くないわけでもなかった。なぜならば、有能な将校の昇進を早め、無能な軍首脳部が放置していた案件の迅速な処理を促した面もあったからである。

カルノやデュボワクランセ(87)のような軍事委員は、自分の職務をよく理解していた。しかし、その他の委員たちは、軍首脳をギロチンで脅迫して、戦争計画にまで干渉し、それでいて失敗すればすべてを将軍たちの責任に転嫁して恥じるところがなかった。この不当な干渉は、筆舌につくしがたい混乱を招き、一七九三年二月、ついにカルノは公安委員会の戦争指導の全権を掌握した。

政治による軍人弾圧政策がこれほどの暴力をむき出しにすることは稀である。しかし、暴力を伴わない場合でも、不当な介入は荒廃をもたらす危険性がある。一八七〇年の普仏戦争において、ナポレオン三世の政府が軍の作戦に直接干渉し、マクマオン元帥にセダン進撃を命じて敗北を招来させたのは周知の事実である。

実際、このような状況では、総指揮官の断固たる拒否は、忍従よりははるかに偉大なる貢献を祖国になすものである。マルモン(88)は書いている。「絶対的服従の羈絆《きはん》を脱して作戦する将軍は栄光をつかむ。したがって、彼に対する干渉をきっぱり断念するか、彼から指揮権を取りあげるかのいずれかにすべきである」と。

将軍は、自分の作戦計画に不動の信念を持たねばならない。動揺して部下の信頼を失うことくらい他の干渉を誘発するものはない。

ナポレオン三世がパリからセバストポリ攻略軍の指揮を取らんと欲したのは、第一に総指揮官カンロベールの信頼のなさが原因であった。それゆえに、三世はペリシエを総司令官に起用して、攻略軍の軍紀を回復させたのであった。オルレアン付近でロワール軍団の団結が危機に瀕したのは、ドーレル将軍の消極性が原因だった。それゆえに、ツゥール市代表団は、職権の範囲を超えて、軍団の作戦行動を掌握したのである。シャンズィー将軍やフェデルブ将軍にまつわるこの種の問題は、もう細々と取り上げる必要もなかろう。

逆に、軍司令部が、弱体化した政府からその権力を奪取することもある。一九一七年二月、ヒンデンブルグとルーデンドルフ[89]は、ティルピッツ提督[90]の戦略を支持して、ベートマン・ホルヴェック宰相[91]に無制限潜水艦戦を強要し、アメリカの参戦を招き、また、宰相の政治を完膚なきまでに破滅させた。

ドイツ軍司令部の干渉は、それだけにとどまらなかった。立法、行政、外交の事実上の全権を僭取してしまったのである。さらに閣僚の任免に干渉し、議会と共謀してベートマンの解任を皇帝に強要して、御しやすいミハエリスやヘルトリンクらを後継者にすえたのである。この軍の傀儡政権の末路は周知の通りである。

重なる敗北でドイツ軍総司令部が動揺し、その権威が一挙に失墜した時、この勇敢なる国民は、絶望の淵に沈み、突如、急ぐ必要のない休戦に走ったのである。

仮にドイツ政府が最高権力者の自覚を持ち、確信をもって政策を推進し、自らの権威の低下を許さなかったならば、このような軍部の越権行為は起こらなかったであろう。ビスマルクは断固としてこれを許さなかった。

政治家と軍人、この二つの優れた公僕は互いに妥協性に欠けることが多い。しかし、指導者たる者は指導者にふさわしい度量を持たねばならない。気難しい人物だからなどという理由で気骨《カラクテール》ある人材を権力から遠ざけるようなことはしてはならない。両者が馴れ合い人事をしていては、国難の際にすべてを失う危険性がある。

III

時には、軍事と政治がより単純に一体となることもある。国民が政治と軍事の指揮を一人の人物の意志と運にまかせる場合である。アレキサンダーは、王にして将軍であり、十年を要してアジアを征服した。ローマ帝国は、大危機の際には独裁制を敷いた。フレデリック大王は、自分の意図にすべてが合致するように、政治、外交、軍事を編成指導した。ナポレオンは、軍政両面に天才を発揮した。

このやり方が戦士に並外れた活力を与えることは確かである。しかし、惨憺たる失敗をもたらしうるのも事実である。オーステルリッツの勝利も、ウオタルーの敗戦も、これが原因であった。つまり、指導者の気力が少しでも衰えると、あのセダンのような敗北につながるということである。

しかも、軍事と政治が一体となりうるのは、例外的な人物、例外的なケースにおいてのみである。並び立つ政府と軍司令部の不和の歴史は、戦争の歴史、つまり世界の歴史と同じくらい古く、どの民族も叡智をしぼって解決策を捜し求めてきた。今日でも、数々の提言がなされている。果たして、この至難の調整はうまくなされるのであろうか。

戦争という共同事業に関して、なぜ、各自の分担を明確にし、両者の秩序を保ち、また必要なら、法律によって何らかの制度を設立しないのであろうか。それは不可能だからである。この二つの領域は確かに区別はできても、分離はできないのである。

戦争の決断は政治家に属し、作戦遂行は軍人の任務である。しかし、どこに境界線を画し得ようか。政治と戦略は、互いにどの程度相互作用し合うべきなのか。どちらが我意を通し、どちらが自制すべきなのか。

このような問題は、あらかじめ規定も定義もできるものではない。まず状況が流動的だからである。つまり国家の諸制度、世論、戦争の性格、手段の性質、その他多くの条件によって両者の関係の望ましいあり方は変わってくる。

さらに、当事者たちの人格も重要な要素となってくる。

凡人が型にはまった仕方で不測の事態を統御できないでいるところで、才能ある人物がドクトリンと戦術をいかにして状況に合わせて用いたのかを理解するには、成功を収めたさまざまな作戦がどれほど変化に富んだやり方で遂行されたかを知るほかない。

ルヴォワは、絶対専制君主の庇護を受けて三十年間、国務大臣の職にあった。法的には軍隊だけを任せられていたのであるが、国王の信頼と彼の卓越した才能と非凡な事務能力をもって、彼は軍事とその他の領域との錯綜した関係を存分に利用して権力を一身に掌握した。アンシャンレジーム精神の権化であるルヴォワは、戦争を文字通り政治の延長としたのである。

彼のおかげで、政治は単に軍人に達成目標を指示し、そこからの逸脱を禁じ、予算の制約を課するだけにとどまらず、戦争の遂行にあたって、政治は軍人から一歩も離れず、個々の戦闘の意義を明確にし、適切な任務を与えることができた。ルヴォワの方も軍首脳との密接な接触から啓発されたことはいうまでもない。ルヴォワと軍人のこのような関係から、チュレンヌ、ヴォバン、[92]リュクサンブール、クレキ、[93]少し遅れて、ヴァンドーム、[94]カチナ、[95]ヴィラール[96]らの諸将が彼の帷《い》幄《あく》に参じて適確な献策をして成功を収めていったのである。彼らは、作戦行動中、当時の礼儀作法にのっとってではあったが、きわめて自由な雰囲気の中で自分の意見や要求を開陳していった。

　カルノの場合には状況が違っていたが、彼は別の方法で見事にその任を全うした。彼が革命公安委員会に入った一七九三年八月当時、軍の混乱は独裁による以外に抑える方法がない状態に達していた。

「軍事委員」としてのカルノは、彼の所管事項、すなわち兵員募集、物資徴用、兵力分配、将校人事、各軍団の作戦協力等に全権を振るう決心をした。自分の軍事的才能と知識だけを頼りとして、名判事のごとく一人ですべてに決断を下していったのである。そして、彼は上から、後方からといった遠方からの指揮に満足せず、身を弾雨の中にさらして革命軍の即席の将軍らを指導した。

戦況の変化の度に細々とした命令を下すのではなく、彼は将軍らの裁量を尊重した。ワッチニィの戦いの後、カルノは次のような手紙をジュルダン将軍(97)に書いた。

「貴官が成すべしと信ずることを成したまえ。委員会には貴官の企図を知らせるだけでよろしい」と。

同時に彼はフランス軍の兵力と状況に適した行動の大原則を将軍らに示した。そして各作戦の終了ごとに、信賞必罰を明らかにし、既存の軍隊を戦術戦略に適した師団編成に改組した。つまり彼は現場指揮官に必要な自主裁量の余地を与えながら、彼らを指導し、支援し、激励したのである。

十九世紀にドイツ統一を達成した政治家ビスマルクは、軍隊を政治の道具とみなしたが、これをきわめて寛大に取り扱った。彼はプロシャの政治、特に外交を豪腕をもって切り盛りしたが、ドイツ帝国建設の基礎をなす三つの戦争には寛大な条件しか課さなかった。

ウィルヘルム一世(98)の軍隊建設事業に対しては全力を傾むけて輔弼《ほひつ》し、一八六〇年の軍備増強法案を支持して議会の抵抗をねじ伏せ、陸相ローン(99)を徹頭徹尾援助した。

一八六六年以後は、南ドイツの諸公国の軍隊を次々とプロシャ王の指揮下に編入する協定に調印させてフランスの宣戦布告に備えた。また、必要な時に国民の意志が一致して軍の行動を支持するように世論を指導し、新聞を操作した。

しかし、軍隊はビスマルクがつくりあげなければならないものではなかった。稀な偶然から、視野が広く確かな才能を有する一指揮官によっていつでも任務を果す準備の整った軍隊に折よく出会ったのである。

プロシャ王国の権力機構は、国王に対する関係において参謀総長を宰相と同列に置いていた。ビスマルクの描いた国家体制では、軍事に関してはモルトケに全権が託されていた。モルトケは思い通りに作戦計画を立て実行に移していった。宰相は干渉を控えた。逆にモルトケの方も、所管外の領域には細心の注意を払って敬意を表した。

普墺戦争では、ケーニヒグレッツの会戦後、ビスマルクの反対意見を容認してモルトケは戦闘を中止した。ナポレオン三世が降伏したセダンでも、バゼーヌと交渉したメッツでも、休戦条件を交渉したパリでも、ビスマルクとの了解外の事項については口出しをしなかった。

しかしながら、ビスマルクとモルトケの二人三脚によってすばらしい成果を収めたこの同じ権力分立体制が、関係者と状況の異なる第一次世界大戦では、ドイツに不統一をもたらした。

同時期、フランス政府とフランス軍司令部は、戦争の性格の激変を踏まえて数回にわたって両者の関係を調整した。開戦当初は、両者の関係はきわめて簡単である。なぜならば、国家の命運は一に軍事行動にかかっており、政治にとって戦争指導とは、新たな同盟国を獲得し、以後の協力を取りつけるための外交、国民の団結と士気の維持のための内政に限られるからである。

次の段階、つまり戦争と戦闘の区別があいまいになるこの段階では、政治の役割は一変する。法律が介入せずとも、革命が勃発せずとも、戦争の危機的性格が軍司令官に、もともと政府にあった権限の多くを付与するのである。

しかし、戦線が膠着する段階になると、政府が再び前面に出てくる。国民に総動員をかけねばならないからである。これは、兵士の召集、産業の動員、国民士気の維持、同盟国との友好といった大事業である。戦争の拡大とともに、兵力動員が必要となり、兵力増強の方針を定め、戦争目的を明確にするのは政府の役割となる。

総力戦のために海運業を統制し、植民地から人員・物資を調達し、生活必需品の調達や輸送・信用の問題を解決する……。つまり戦争指導と作戦遂行の関係が再び密接になるのである。この段階に至ると、人的損害の抑制が戦略を完全に支配し、産業統制が物資補給戦の様相を帯びてくる。そして軍隊の士気は国民の士気に左右される。

戦争の最終的段階では、再度、権利（政治）と義務（軍事）の調整が必要となる。最終決着をつける戦闘の段階では、軍人は自分の意志だけで行動する。作戦がすべてに優先しなければならない。政治家はこの点をよく理解し、軍司令官の便宜をおもんばかって、全力をつくして彼の戦闘活動に協力していかねばならない。

フランスにおいて、最後の国運を決する戦闘が進行中に政府がなすべき戦争指導とは、まず第一に大危機における国民の士気の維持にある。そして最大の栄誉が、このことを誠心誠意実行した政治家に与えられるのである。

IV

戦時における政府と軍司令部の関係をこと細かに規定すれば安心できるだろうといった安易な考えは捨てた方が賢明であろう。特にフランス人の精神にとってはそうである。

行動とはある状況に身を挺することである。一定の原理が尊重されてさえいれば、状況に応じた行動を当人が自主的に判断できるような裁量の余地を残しておいた方がよい。

パンルベ氏[100]は言った。「事件の変化の複雑さに備えると称して、もしも偏狭な規則をもうけて責任者の行動の自由を束縛するならば、困難は一層増大するであろう」と。

この言葉はいうまでもなく、軍人も政治家も行動を出たとこ勝負に任せ、不測の事態に事前の準備を全くしておく必要はないということを意味するものではない。そんなことをすれば、試練に耐える人間精神の鍛練という最も肝心なところを疎かにすることになろう。実際、すべてはここにかかっているのである。ところが、精神の鍛練というものに現代はもはや意義を見出さなくなってしまっている。

王侯貴族が実権を握り、私事と国事が同列であった過去においては、こうした鍛練は自然になされた。この社会政治体制の下で、彼らは〝乃公《だいこう》出でずんば〟の気概をもって自己鍛練に励んだものであった。

ローマ時代の貴族は、何の区別もせずに公務、私事、軍務に精励した。十九世紀末まで、プロシャの大臣、高級官僚、将軍らは、いずれも同じユンカー階級の出身であった。フランスも旧王制時代には、たとえ国王によって政治の世界から遠ざけられたとしても、貴族であれば国事に精通し、子息を欣然として軍務につかせたものだった。なかんずく全権の体現者である国王自身が、公事、私事、軍事の調和の象徴であった。

この相互浸透から、法官と軍人の相互理解が生まれたのであるが、今日においてもはやそれは見られなくなった。

実際、今日の時勢では、政治家と軍人の共同作業の場も相互理解の機会も皆無に等しい。政治家の生活は複雑多忙となり、所管外の事項に熟慮をこらす意欲と時間を彼から殺《そ》ぎ取ってしまっている。そして規律と孤独の中で生活する軍人が公開の場に姿を現わす機会はほとんどない。

だからと言って、政治家と軍人が互いに秘かな魅力を感じ合っていないということではない。それどころか、河の対岸に立って共通の野望の大船を曳き合いながら、この二人の権力者は、強者同士が互いに覚える尊敬の念を抱いているのである。

しかし、なぜ両者は、それぞれの岸辺に留まっているのであろうか。それは、両者が近づくには、両者の欲望、関心、行動があまりにも違うからである。専門家の資格で軍人が参考意見を述べる各種の委員会や会議、または、それぞれの立場から祝辞や言葉を述べあう祝式や葬儀を別にすれば、両者が相まみえる機会はない。

先見の明ある国家が、万一にそなえて、共同作業を通じて、戦争を指導する政治、行政、軍事の各エリートを養成せんと欲しているのは当然である。

このようなエリート育成の共同事業は、戦時には、三者の一致協力の可能性を広げ、平時には、国家の軍事力に関する議論や諸法案をめぐる相互理解をより深める利点を持つこととなるであろう。

この仕組みはフランスに是非とも必要である。フランス人の気質に合った原則がないところでは、我々フランス人は、実際、あまりにもしばしば、生まれたての赤ん坊のように行動してきたからである。

しかし、軍人と政治家の相互理解を生み出す高い見識や最高の叡智は、科学や法律から獲得されるものではない。それは教育や命令では育みようのない直観力や気骨《カラクテール》に存するものであり、また、天賦の才能、熟考能力、特に能力が試される大役を果さんとする気魄にこそ存する。なぜならば、人間が最終的に頼りにできるのはそのような資質だけだからである。偉大な人物の存在なくして、偉大な事業はない。そして偉大な人物とは、当人がそのようになろうと欲したからこそ、そのようになったのである。

英国の宰相ディスレリィ(101)は、青年時代から宰相の立場で思考する訓練を重ねた。フォッシュ将軍(102)の行状訓を一読すれば、無名時代においてすでに大将軍たる面影を彷彿とさせる。

政治家と軍人が相矛盾する職務と偏見を超越した哲学を打ち立てることができれば、我々はこの上もなく素晴らしい調和を見出せるであろう。

小人は困難に際して、これを制御せんとするよりも、まず、我が身の安全をはかるものであるが、それは放っておけばよい。しかしながら、苦闘する芸術家、あるいはパンの酵母ともいうべき、第一線の覇気あるべき人物が、このような小人的気分に取りつかれるとは何事であるか。

彼らは国難に自分の存在の刻印を押すこと以外の人生を考えるべきではない。日常の羈絆を脱して歴史の大波だけを夢想すべきなのである。時代の喧騒や幻想にもかかわらず、両者が過ちを犯すことはない。国家の政治への奉仕なき大将軍は存在せず、祖国防衛の栄光なき大政治家も存在しないからである。

人名用語解説

（1）ヴォヴナルグ（1715〜1747）　フランスのモラリスト的作家。
（2）ヴィニィ（1797〜1863）　フランスの詩人・作家、ロマン派。はじめ軍人を志望したが、失望して、一八一五年から作家となり孤独の生涯を過ごした。
（3）レッツ（1613〜1679）　フランスの聖職者・政治家・文学者。パリ大司教補佐となり、一六四八年フロンド党の乱に参加、投獄、英、伊を転々と亡命生活したのち帰仏。「回想録」を著す。
（4）サラミスの海戦（前480）　アテネを中心とするギリシャ艦隊がペルシャ艦隊を破った海戦。
（5）ヴァルミの戦勝（1792.9）　フランス革命軍がプロシャ・オーストリア連合軍を破った戦い。これをゲーテは「新しい世界史の開始」と評した。
（6）ベルクソン（1859〜1941）　フランスの哲学者。著書に「意識と直接与件について」「精神力」等があり、人間の直観を重視した。
（7）ハンニバル（前247〜前183）　カルタゴの将軍。父ハミルカルとともにスペイン遠征、前二一六年にカンネーでローマ軍に大勝した。
（8）シュリーフェン（1833〜1913）　ドイツ参謀総長。ドイツの対露仏二正面作戦を計画したが、第一次大戦前年に死去した。
（9）カルノ（1753〜1823）　仏の政治家、軍人。フランス革命時代に公安委員として軍隊改革に努力し、革命戦争の勝利をもたらした。
(10) ベーコン (1561〜1626)　英国の哲学者。経験を尊重し自然科学を重んじて近代哲学の先駆となった。著書「新オルガヌム」、「随筆集」。
(11) チュレンヌ (1611〜1675)　フランスの軍人。リシュリューに見出され三十年戦争で活躍。
(12) マッセナ (1758〜1817)　ナポレオン軍の将軍。ナポレオンに従って各地の戦場で大功をたてナポレオンの愛護を受けた。
(13) アレキサンダー大王 (前356〜前323)　アリストテレスに学び、十八歳でカイロネイア戦に初陣、ギリシャ諸都市の反乱を制圧、グラニコス・イッソスの戦いでペルシャ軍を大破、ついで、北インドに侵入、世界統一を願望した。
(14) シーザー (前102〜前44)　古代ローマの将軍、政治家。第一回三頭政治の発案者。ガリア征討 (前五八〜前五二) を行う。クーデターにより後に暗殺された。
(15) フローベル (1821〜1880)　仏の小説家。自然主義文学の代表的存在。「ボヴァリー夫人」「感情教育」など。
(16) ソクラテス (前470頃〜前399)　古代ギリシャの哲人。弟子にプラトンらがある。「汝自身を知れ」を説いた。不敬罪に問われ、毒をあおって死んだ。
(17) トルストイ (1828〜1910)　ロシアの作家、人道主義者。「戦争と平和」「アンナ・カレーニナ」「復活」など多数の著作がある。
(18) バグラチオン (1765〜1812)　ロシアの将軍。ナポレオンのモスクワ遠征に奮戦、重傷を負う。

(19)アナトール・フランス（1844〜1924）　フランスの作家。作品に「シルヴェストル・ボナールの罪」「文学生活」「神々の渇き」など多数。
(20)ユブュ王　劇作家アルフレッド・ジャリの喜劇的英雄。
(21)フレデリック大王（1712〜1786）　プロシャの啓蒙君主。自らを「国民の公僕」と称して、内政を整備し、軍隊を改革して、シュレジェン戦争、ポーランド分割などを企て、プロシャを強大ならしめた。
(22)ペタン（1856〜1951）　仏の軍人、政治家。第一次大戦中、ヴェルダンを死守して名声を得、第二次大戦ではヴィシィ政府の元首となった。ド・ゴールの師ともいうべき人物。
(23)ナポレオン三世（1808〜1873）　大ナポレオンの甥、一八五一年、クーデターにより帝位につき、クリミア戦争に干渉して成功し、イタリア統一を援助した。普仏戦争に敗北し、英国に亡命した。
(24)カンロベール（1809〜1895）　クリミア戦争に参戦。普仏戦争では、サン・プリヴァ方面を指揮したフランスの軍人。
(25)ニエル（1802〜1869）　フランスの軍人。一八六七年陸軍大臣となり仏軍を再建し、国家動員法を制定した。
(26)マクマオン（1808〜1893）　フランスの軍人。クリミア戦争、イタリア統一戦争、普仏戦争に参加。後、王政復活を企図して大統領を辞職した。
(27)バゼーヌ（1811〜1888）　仏の軍人。メキシコ遠征軍の総指揮官。普仏戦争ではロレーヌ軍団長であり、メッツで包囲され捕虜となった。後に亡命しマドリッドで死去した。

(28)フォン・クルック（1846～1934）　ドイツの軍人。第一軍を指揮し、マルヌで敗北した。
(29)小モルトケ（1848～1916）　ドイツの軍人。大モルトケの甥。シュリーフェン元帥のあとをおそって、ドイツ軍参謀総長となって第一次世界大戦を指導したがロシアの動員が未完成中に、ベルギー急襲、フランス電撃を提唱、失敗して罷免された。
(30)チェール（1797～1877）　フランスの政治家、歴史家。七月革命に参加、一八三六―四〇年まで首相。ナポレオン三世に反対し、普仏戦争後、第三共和制、初代大統領となる。
(31)ラムネ（1782～1854）　フランスの神学者。ナポレオンの宗教政策に反対し「宗教無関心論」を書いた。
(32)コント（1798～1857）　フランスの哲学者。著書「実証哲学講義」。
(33)パストゥール（1822～1895）　フランスの細菌学者。予防接種法の創始者、狂犬病予防法の実施者。
(34)シャルンホルスト（1755～1813）　プロシャの軍人。イエナの戦いでナポレオンに敗北後、軍制改革、軍隊の再建に努力し民兵制度を作った。
(35)ルイ十四世（1638～1715）　フランス王。絶対君主。ルヴォワを活躍させて富国強兵策を実行し、ネーデルランド侵略戦争、オランダ戦争、スペイン継承戦争を行い、ナントの勅令を廃止した。同時に、ヴェルサイユ宮殿を完成し、フランスをヨーロッパ文化の中心地とした。
(36)ルヴォワ（1641～1691）　フランスの政治家。ルイ十四世の陸相として軍隊を強化し、ルイ十四世の治世の基礎をきずいた。
(37)オッシュ（1768～1797）　フランスの軍人。モーゼル河派遣軍司令官となりヴィセンブルグを攻略した。恐怖政治時代、嫌疑を受けて投獄された。アイルランド遠征軍の軍司令官を務めた。

(38) コワニィ（1737～1821） フランスの軍人。コンデ公の下で奮闘した勇将。つまりルイ十四世時代の人物である。

(39) ビュジョ（1784～1849） フランスの軍人、元帥。アルジェリア・モロッコの征服者。

(40) キケロ（前106～前43） ローマ時代の雄弁家、政治家。カティリナの陰謀を事前に防ぎ、「祖国の父」と称され、シーザーに反対してポンペイウスに味方した。著書「弁論」がある。

(41) リシュリュー（1585～1642） フランスの政治家。一六一四年、三部会に選出される。二四年以後、宰相となり、二八年、ユグノーの本拠を討伐。高等法院の権限を縮小し、国権を強化、三十年戦争に干渉し、スウェーデンを援助して、スペインに宣戦、四〇年ポルトガルの独立を援助して、ハプスブルグ家の権力打破に成功しフランスの対外的国権を高め、内政を整理し、生産を奨励し、植民地政策を推進した。

(42) レセップス（1805～1894） フランスの外交官、スエズ運河の開削者。

(43) ビスマルク（1815～1898） ドイツの政治家。鉄血政策によって、プロシャを中心とするドイツ統一に成功した。六六年、普墺戦争、普仏戦争に勝って、統一を完成した。国内政策では、社会主義者を鎮圧する一方で、社会保障政策などを行った。

(44) クレマンソー（1841～1929） フランスの政治家。急進社会党の代議士として雄弁でならし、「虎」と政敵に恐れられた。一九一七年首相となるや、強力な指導力を発揮してフランスを勝利に導いた。

(45) ペリシエ（1794～1864）　フランスの軍人。ナポレオン三世の企てたセバストポリ攻略の仏軍司令官。

(46) ランルザック（1852～1925）　フランスの軍人。第一次大戦初期の第五軍団の司令官。本文中のような軋轢のため解任された。しかし、ド・ゴールは彼の処置のおかげで、仏軍は兵力を温存できたから、仏軍の巻きかえしが可能となったと見た。

(47) リヨッティ（1854～1934）　フランスの軍人。一九一二年から一九二五年にかけてモロッコのフランスによる保護体制を組織化し、第一次大戦中、ドイツの陰謀にもかかわらずモロッコをフランスのため安泰ならしめた。後にフランス陸軍大臣となった。

(48) ジェリコ（1859～1935）　イギリスの海軍軍人。大英帝国艦隊司令官として、ジェットランドにおいてドイツ海軍を敗北させたが徹底性を欠いていた。

(49) ネルソン（1758～1805）　イギリスの海軍軍人。一八〇五年ナポレオンのフランス艦隊をトラファルガーで撃滅した。

(50) シイエズ（1748～1836）　フランスの政治家。一七八九年、有名な第三身分に関するパンフレットを発行した。憲法制定委員であり、ナポレオンのクーデターに協力したが、後に、権力の座から追放された。

(51) タレイラン（1754～1838）　フランスの政治家、外交官。ナポレオンの外相として活躍。後に、変節して、ルイ十八世の外相として、ウィーン会議に出席。外交手腕を発揮してフランスの国益を守った。

(52) トロシュ（1815～1896）　フランスの軍人。普仏戦争時代の軍の最高責任者。

(53) コンデ（1621〜1686）　フランスの軍人。コンデ大公と呼ばれた。ルイ十四世治下で、軍を指揮して、ロックロワ、フリブルグ、ノールリンゲンの各会戦に勝利した。
(54) バレス（1862〜1923）　フランスの小説家、政治家。著書「自我礼讃」にて、実証哲学を主張。「国民精力の物語」で国家主義を唱え、第一次大戦において、青年を戦争に駆り立てた。
(55) アルダン・デュ・ピック（1821〜1870）　フランスの軍事評論家。彼の理論は第一次大戦のフランス軍に大きな影響を与えた。
(56) モリエール（1622〜1673）　フランスの喜劇作家。ラシーヌ、コルネーユらとともに十七世紀の代表的劇作家。著書に「人間嫌い」「守銭奴」「タルテュフ」などがある。
(57) ファゲ（1847〜1916）　フランスの批評家。著書に「十六世紀フランスの悲劇」以下「十七世紀、十八世紀、十九世紀…」と刊行。「十九世紀の政治思想家およびモラリスト」などがある。
(58) メーテルリンク（1862〜1949）　ベルギーの詩人、劇作家。著書に「マレーヌ姫」「青い鳥」などがある。
(59) アブデル・クリム（1882〜1963）　モロッコ北部のリフ族の族長。一九二六年、フランスに反抗したが、後に帰順した。
(60) ファイサル（1883〜1933）　シリア王。フランス軍により一九二〇年ダマスカスから追放され、一九二一年イギリスの援助でイラク王となった。その孫ファイサル二世はイラク革命時一九五八年に暗殺された。
(61) ジェベル・ドルーズ　ジェベルはアラビヤ語で山を意味する。つまり、山岳民族ドルーズの意である。一九二五年から二六年にかけて、このイスラム教部族はフランスに反抗した。

(62) 食人鬼　ナポレオンのあだな。正式には〝コルシカの食人鬼〟。ナポレオンが野望のために、フランスの青年の肉体を犠牲にしたゆえに、王党派がかく呼んだ。

(63) ハイネ（1797～1856）　ドイツの詩人。ユダヤ人家庭に生まれて早くから詩人的才能を現わした。詩集に「アッタ・トロル」「ドイツ・冬物語」「ロマンツェーロ」。次の詩「二人の擲弾兵」もその一部である。

(64) 二人の擲弾兵

小栗孝則訳

フランスに向って歩いてゆく二人の擲弾兵
二人ともロシヤに捕われていたのだが
いまドイツの一軒の旅籠屋についたとき
がっくりと首を、うなだれてしまった

二人は悲しい知らせを聞いたのだ
フランスが亡び去ったと言うことを
味方の大軍はあえなく敗れ——
皇帝が、皇帝が捕えられた、と

二人の擲弾兵は抱き合って泣いた
情けない知らせを耳にして
一人の兵は言った——また痛んできた
この古傷が燃えるように痛む！

他の一人が言った——すべては終った
お前と一緒に死にたいけれど
おれには妻子が待っている
おれが居なくなったら、可哀そうだ

おれには妻子など、どうでもいい！
おれにはもっと大きな望みがある

妻子が飢えるなら、乞食をさせろ――
皇帝が、おれの皇帝が捕えられたのだ！

聞いてくれ、兄弟、たった一つのお願いだ
おれが今ここで死んだなら
死体をフランスへ持ち帰ってくれ
おれをフランスの土にうずめてくれ

赤いリボンの十字勲章を
忘れずにこの胸に着けてくれ
手には小銃を握らせて
腰には剣を佩《は》かせてくれ

おれは横たわり、じっと耳を澄ましている
歩哨のように、墓場の中で
いつか大砲の響きがとどろきわたり
嘶く馬の蹄の音が聞えてくるまで

皇帝はおれの墓の上を必ず通る
剣が火花を散らし、丁々と鳴ったら
おれは飛び起きる、武装したまま、墓場の
中から――
皇帝を、おれの皇帝を守護するために！

(65) フランソワ・ド・キュレル（1854～1928）　フランスの劇作家。思想、社会問題を題材とした。著書「ライオンの休息」。

(66) コルベール（1619～1683）　フランスの財政政治家。ルイ十四世に仕え、財務長官として、産業の保護統制、輸出増大化政策をとり、植民地の開拓、海軍の充実などに努力して絶対王政の経済的基礎を確立した。

(67) カール五世（1500～1558）　神聖ローマ皇帝。皇帝の地位をフランスのフランソワ一世と争って勝ち、即位。ルター派の弾圧、イタリア・フランス戦争に勝利、ローマ荒掠を行った。

シュマルカルデン同盟を結んだ新教諸侯と争ったが形勢不利となり信教の自由を承認。一五五六年、弟フェルディナント一世に譲って退位した。
(68)ブローイ　フランスの軍人。七年戦争で大功をたてた。
(69)バラゲディリエ（1795～1878）　フランスの軍人。一八五九年イタリア戦線に参加。
(70)ネグリエ（1788～1848）　フランスの軍人。アルジェリアおよびトンキン作戦を指導した。
(71)ヒンデンブルグ（1847～1934）　ドイツの軍人。第一次大戦初頭、タンネンベルクでロシア軍を全滅させて、名声を博し、一九一六年三月からドイツの敗戦まで、参謀総長としてドイツ軍を指揮した。一九二五年、大統領となり、三三年、ヒットラーを首相とした。
(72)マザラン（1602～1661）　イタリア生まれのフランスの政治家。リシュリューのあと国務の実権を握った。ウェストファリア条約で領土を拡大し、ドイツの一部を支配下に置き、スペインと和を結び、ルイ十四世の政治を安泰ならしめた。
(73)デュムリエ（1739～1823）　フランスの軍人、政治家。最初、外交官となったが、後、軍隊に入り将軍となり、革命当時、各地の戦争を指導した。特に、ヴァルミの戦いの戦勝は名高い。
(74)大モルトケ（1800～1891）　プロシャの軍人。参謀総長として、対デンマーク戦争、普墺戦争、普仏戦争を指導し、プロシャに勝利をもたらした。戦略家としてすぐれ、ドイツ陸軍の父と呼ばれた。
(75)山岳党　フランス革命時代の国民公会の左派。ジロンド党と抗争して政権を握り、〝恐怖政治〟によって革命を遂行した。ロベスピエール、ダントン、マラーなどが有力な指導者である。

(76) ジロンド党　フランス革命時代に、ジロンド県出身の代議士を中心にして形成された。ブルジョワジーの利益を代表して有力となり対外戦争を主張。穏和な共和主義を唱えて山岳党に敗北したが、テルミドールの反動後、勢力を復活した。指導者に、ブリソー、ヴェルニョー、ローラン夫人などがある。

(77) テルミドールのクーデター（1794.7.27）　フランス革命時代、ロベスピエールが捕えられて処刑された事件。これによって革命はブルジョワ共和制に移行した。

(78) ジャコバン党　フランス革命時代、ジャコバン協会員が形成した党。山岳党と一七九二年以後行動し恐怖政治に加担した。指導者にダントンらがいる。

(79) ブリュメールのクーデター（1799.11.9）　ナポレオン（一世）が総裁政府に対して行ったクーデターで彼は統領政府を樹立した。

(80) オルレアン公（1773～1850）　フランス王（一八三〇－四八）。ルイ・フィリップと称した。七月王政の王。自由化政策をとり憲法を修正したが後に保守化した。

(81) ギュスタブ・ランソン（1857～1934）　フランス人学者。文学と歴史の比較研究を行った。

(82) リュクサンブール（1628～1695）　フランスの軍人。カセルの戦い、サン・ドニの戦い、スタインケルクの戦いの勝利者。

(83) ジョッフル（1852～1931）　フランスの軍人。普仏戦争に参加。第一次大戦では連合軍総司令官となり、マルヌやヴェルダンの会戦で名声を博した。兵士より「パパ」と親しまれた。一九一六年末、ニイベル将軍に総指揮官の地位をゆずった。

(84) ドーレル（1804～1877）　フランスの軍人。ロワール第一軍団司令官。普仏戦争で、クルミエ付近で、ババリア軍を撃退した。

(85) クリスピ（1819～1901）　イタリアの政治家。ガリバルジとともにシシリア王国解放に活躍。一八八七年首相となり、エチオピア出兵に惨敗して辞職。

(86) バラチェリ（1841～1901）　イタリアの軍人。一八九六年、アドゥアにて、メネリク軍に惨敗した。

(87) デュボワクランセ（1747～1814）　フランスの政治家、軍政家。一七九三年カルノとフランス軍再建に努力した。

(88) マルモン（1774～1852）　フランスの軍人。ナポレオン軍の下で、ポルトガルやライプツィッヒなどを転戦。一八一四年の戦争では、マルヌ方面の作戦を担当。連合軍がパリを攻略した時、これと通じ、ナポレオンの退位を余儀なくした。「回想録」を後にものした。

(89) ルーデンドルフ（1865～1937）　ドイツの軍人。第一次大戦中、ヒンデンブルグの下でロシア軍をタンネンベルクで全滅させ、後に、やはり、ヒンデンブルグの下ドイツ軍参謀次長をつとめた。

(90) ティルピッツ（1849～1930）　ドイツの海軍軍人。一八九七年海相となり、対英六割のドイツ艦隊を建設。第一次大戦では無制限潜水艦戦を主張した。

(91) ベートマン・ホルヴェック（1856～1921）　ドイツの政治家。一九〇九年から一九一七年まで首相。平和主義を唱えたが軍部に押されて開戦。無制限潜水艦戦に反対し辞職。

(92) ヴォバン（1633～1707）　フランスの軍人。築城の権威。また、攻城戦の権威で、連綿包囲戦術を研究。一六七三年、オランダのマーストリヒト包囲戦に平行壕による接近法を始めて適用した。
(93)クレキ（1624〜1687）　フランスの軍人、元帥。
(94)ヴァンドーム（1654〜1712）　フランスの軍人。オランダ戦争、スペイン王位継承戦争に活躍。
(95)カチナ（1637〜1712）　フランスの軍人。ルイ十四世時代の名将の一人。兵士は彼を「父」と愛称した。
(96)ヴィラール（1653〜1734）　フランスの軍人。一七〇二年のフリードリンゲンの会戦の勝利者。
(97)ジュルダン（1762〜1833）　フランスの軍人。フルリュの勝利者。スペイン王位継承戦のフランス軍総指揮官。
(98)ウィルヘルム一世（1797〜1888）　プロシャ王、後のドイツ皇帝。ビスマルクを起用して、六四年、デンマークを撃ち、六六年、普墺戦争に勝ち、七〇年、普仏戦争に勝利してドイツ帝国皇帝となった。
(99)ローン（1803〜1879）　プロシャの軍人。一八五九年陸軍大臣となり軍制改革を強行した。七一年首相となった。保守的国家主義者で、ビスマルク、モルトケとともにドイツ帝国建設の三傑と言われた。
(100)パンルベ（1863〜1933）　フランスの数学者で政治家。社会共和党員。
(101)ディスレリィ（1804〜1881）　イギリスの政治家。ユダヤ系。トーリー党員。労働者、農民の権利を認め、選挙法の改正に努力した。外交では、スエズ運河の買収、インド支配の確立、ロシアの南下阻止。

(102) フォッシュ（1851〜1929）　フランスの軍人。第一次大戦中、マルヌやソンムの会戦に活躍。一九一八年連合軍最高司令官となり勝利した。世界的な戦略家。

ド・ゴール略年譜

一八九〇年　北フランスのリール市に生まれる（11月22日）。
一九〇九年　サン・シール陸軍士官学校入学。規定によりアラス歩兵三十三連隊に一年間隊付き勤務をする（9月）。同級生は彼を大将軍とあだ名した。
一九一二年　士官学校卒業。原隊アラス三十三連隊に再勤務（10月）。連隊長は後年のペタン元帥である。
一九一四年　ディナンで負傷。入院（8月）。
一九一五年　傷の癒えないまま、偵察将校として活躍。大尉任官。再び負傷。軍の感状を受ける。
一九一六年　激戦地ヴェルダンのドゥオーモンで重傷、ドイツ軍の捕虜となる。再三の脱走のため各地の収容所を転々とする。再度、軍の感状を受ける（2月）。捕虜生活中、ドイツの研究に没頭、この成果が後の著書（la discorde chez l'ennemi　ドイツ国内分裂）となる。後の赤軍元帥であり、戦車戦の大家〝赤いナポレオン〟と呼ばれたトハチェフスキイ少尉と収容所を共にして語りあう。
一九一八年　帰国（12月）。
一九一九年　ポーランドに赴任。歩兵戦術の教官となる。
一九二〇年　ポーランドのワルシャワ防衛戦で奮戦。ウェイガン将軍より個人感状とポーランド政府より勲章を受ける。

一九二一年　帰国。イヴォンヌ・ヴァンドルウ嬢と結婚（4月6日）。サン・シール陸軍士官学校戦史担当教官となる。
一九二二年　陸軍大学入学（9月）。
一九二四年　la discorde chez l'ennemi を世に問う。ペタン元帥の副官となる。
一九二五年　陸軍大学卒業、優等生となれなかった。少佐に任官。ドイツのモーゼル市に駐屯する第十九猟兵大隊長になる。
一九三二年　ペタン元帥の求めに応じて陸軍大学で講演後、この講演録を『剣の刃』と銘うって出版。
一九三三年　中佐に昇進。国防最高会議書記長となる。
一九三四年　『職業軍隊をめざして』を刊行。機甲部隊の優先を説き、軍内部で孤立する。
一九三七年　メッツ第五〇七戦車連隊長となる。大佐に任官。
一九三八年　『フランスとその軍隊』を刊行。ペタンと決別。ペタン元帥がド・ゴールの筆によるにもかかわらず、この『フランスとその軍隊』を自著とすることを主張したことに原因する。
一九三九年　第五戦車隊長となる。英・仏はドイツに対して宣戦布告。
一九四〇年　政府に機械化部隊の必要について上意書を提出。第四機甲師団長となる（5月）。臨時に准将に昇進。ラオン近郊とアベヴィルで奮戦、軍の感状を受ける。

レイノ内閣の陸軍次官となる（6月6日）。
ドイツ軍パリ入城（6月13日）。ペタン、首相となる（6月16日）。休戦（6月17日）。ボルドーから英国に亡命（6月17日）。ロンドンから抗戦呼びかけの第一回放送（6月18日）。
自由フランス国民解放委員会を設立。ヴィシィ政府のトゥルーズ軍法会議は欠席裁判により
ド・ゴールの軍籍を剥奪、死刑宣告（8月2日）。
一九四三年　国民抵抗会議創設（1月）。自由フランス国民解放委員会でジロー将軍とともに指導者となる。ジロー将軍失脚。ド・ゴール全権掌握（10月）。
一九四四年　フランス共和国臨時政府設立（6月）。アメリカ訪問、ルーズベルトと会談（8月）。
ド・ゴール、臨時政府首長としてパリ入城（8月）。モスクワ訪問、スターリンと会談。仏ソ友好条約調印（11月）。
一九四五年　選挙により、立憲議会成立。第四共和国首相に就任（11月）。
一九四六年　首相を辞任（1月）。
一九四七年　ド・ゴール派の「フランス国民連合」（RPF）を創設（4月）。
一九五〇年　ド・ゴール、「ヨーロッパは大西洋からウラルまで」の大ヨーロッパ構想を発表（3月）。
一九五一年　ペタン元帥死去。九十五歳。
一九五三年　「フランス国民連合」分裂。ド・ゴール、国民連合との絶縁を発表。コロンベ・レ・ドゥ・ゼグリーズの自邸にて『大戦回顧録』の執筆を始む。
一九五四年　フランス軍、ヴェトナムのディエンビエンフーで、ホーチミンの民族解放軍に敗北

（5月）。

ジュネーヴ協定により停戦。南北ヴェトナムに分裂。

『大戦回顧録』第一巻を刊行。アルジェリアの武装闘争開始。

一九五六年　ド・ゴール、政界を去る（1月20日）。

『大戦回顧録』第二巻を刊行。英仏軍のスエズ侵攻（10月）。

一九五八年　ＥＥＣ発足（1月1日）。

アルジェリアのフランス人植民地主義者とフランス軍、同地の政府代表部を占領。アルジェリアの反乱が公然化する（5月13日）。

ド・ゴール、政権担当の意志を表明（5月16日）。

コティ大統領、ド・ゴールに組閣要請（5月29日）。

国民議会、ド・ゴールを承認。首相となる（6月1日）。

アルジェリア訪問（6月4日）。

第五共和国新憲法の国民投票、そして、新憲法成立。

第五共和国大統領に選出される（12月21日）。

ド・ゴール、アデナウアー会談。仏独の和解協力なる。

一九六〇年　アルジェリア独立に反対する暴動がアルジェで発生。

フルシチョフソ連首相のフランス訪問。

一九六一年　アルジェリア民族自決投票。

アルジェにおいてフランスの将軍、アルジェリアの独立に反対して暴動（4月22日）。

ド・ゴールに対する暗殺未遂（9月8日）。

アルジェリア訪問（11月9日）。

一九六二年　アルジェリア住民投票。ベンベラ大統領の下に共和国として独立（7月）。

フランスの国家元首を普通選挙でえらぶことに関する国民投票（10月）。

第二回総選挙でド・ゴール派圧勝（11月）。

一九六三年　ド・ゴール、英国のEEC加盟拒否。独仏協力条約調印（1月）。

ド・ゴール、アメリカのヨーロッパ経済支配を攻撃（2月）。

ヴェトナム中立化についてド・ゴール提案する（8月）。

ケネディ大統領の暗殺（11月）。

一九六四年　中仏国交回復を発表。

一九六五年　ウィンストン・チャーチル死去（1月）。

ド・ゴール、ドルの世界支配を非難し、金本位制復活を強調。ド・ゴール、大統領再選（12月）。

一九六七年　総選挙でド・ゴール派四十議席を失う。ド・ゴール主義の衰退傾向が目立ち始める（3月）。

カナダ訪問中、仏系カナダのケベック州にて「ケベック独立万歳」を叫ぶ。

一九六八年　学生、パリ大学ナンテール分校を占拠、五月革命始まる（5月2日）。

ゼネスト重大化のため、訪問先のルーマニアから帰国（5月18日）。

ド・ゴール、「六月に国民投票を実施し、敗北すれば退陣」と声明（5月24日）。

総選挙でド・ゴール派「共産主義の脅威」を宣伝して圧勝（6月）、ド・ゴール、「フラン切下げ」を拒否。
一九六九年　上院改組、地方制度改革の国民投票に敗れ、大統領を辞任（4月）。
一九七〇年　ド・ゴール『希望の回想』を出版。
コロンベ・レ・ドゥ・ゼグリーズの自宅で動脈瘤のため死去（11月9日）。

個人的な意志としての〝国〟――解説に代えて

福田和也

時々、自分が日本人であるという事が、不可思議な謎のように思われる時がある。自分が、日本という国に在り、日本の言葉で考え、話し、その領域と持続の中で生きている、その意味は何だろうと考える。

私のように、日本の文芸という事を何よりも中心に考えてきた者が、この様に云うと可笑しく思われるかもしれない。だがおそらく、自らが透明な人類であったり、人間性は容易に国境を超えると信じられる人達は、このような戸惑いを覚えないだろう。

私は、自分の意志とは関係なくこの世に生まれ、いずれ死ぬ。それは、私自身の問題であって、国も民族も関係ない。

だが一度私が「生きる」と云い、「死ぬ」と語る時、それは日本の言葉としてしか、私にとって真実ではない。なぜ生まれたのかも知らず、あるいは日本人である事を選べた訳でもないのに、日本人であるという事に囚われ、その歴史に感応し、現在に屈託し、自分の子供に日本の言葉で語りかけている。

この様な不充足が、私を文芸へと向かわせている。

同時に、国という事を、真実に考える事が出来るのも文芸ではないか、と私は思っている。というよりも、そのような国をしか私は真実に受け取る事が出来ない。それは国家あるいは民族が、文化的な存在であるとか、歴史的な存在であるとか、あるいは文学的な想像の共同体であるといった事とは関係ない。国があるという事、あるいは私が日本人であると云う事は、私が言葉によって考え、生き、或いは詩歌に馴染み、文章を書くという事と似ている、極めて近い、同じ一つの個人的な事ではないのか。

もっと踏み込んで云えば、政治の本質というのは、ほとんど文学である。といってもそれは政治が思想や主義よりも感情人情の機微に由来するとか、世情の流れを感知するのが政治の本質だといった、玄人話ではない。

政治が画定し、あるいはその内と外から、それを存在せしめ、解消しようとする「国」という領域に拘わる仕事というのは、むしろ文芸と呼ぶべきであるかもしれない。国を扱い、その存立に拘わる政治家の営為は、文学者の仕事に似ていながら、文士が欲して及ぶ事が出来ない言葉の根に関わる孤独な営為ではないか。

＊

私は、アンドレ・マルローが好きではない。

勿体ぶった美文や大袈裟な仕掛けが性に合わないのが、第一の理由である。

と同時に、マルローの文学は結局御用文学ではないか、と思っている。保田與重郎は、真の文学は敗者のそれであり、勝者の文学は総て御用文学だと云った。その意味で彼の作品はいずれも御用文学である。

マルローが何の御用を務めたのか、一言で決める事は出来ない。ある時には、コミンテルンだったろう。またある時には反ファシズムであり、レジスタンスであったろう。また民主主義であり、人類であり、ヒューマニズムだろう。

所謂行動の文学者というのは、殆どがこの類いであり、マルローと一見対極に見える実存主義者達も変わりがなく、その時点で疑い無く正しい何物かの御用を務めて東奔西走し、文学と称しているにすぎない。

マルローがド・ゴールと対面する時、彼が単なる御用聞きでしかない事がよく分かる。マルロー自身、期せずしてその正体をド・ゴールに語っている。


「まず、過去を」と、将軍は私に言った。

なんとも驚きいった切りだしようではあった。

「しごく単純です」と私は答えた。

「ある種の闘争に、きょうの日まで私は挺身してきておりますが、いわばそれは社会的正義のための闘争であった、と言ってさしつかえなかろうと思います。もっと正確にいうならば、人々にチャンスをあたえるための闘争であった、と言えましょうか……　ロマン・ロランとともに〈世界反ファシズム委員会〉の会長をつとめたこともあれば、ディミトロフその他の、いわゆる旧ドイツ帝国国会《ライヒスターク》放火事件の犯人たちの裁判にたいする抗議書をヒットラーに手わたすべく、ジッドとともにおもむいたこともありました。もっとも、ヒットラーは、われわれとの接見を拒否しましたけれども。その後、スペイン戦争の勃発とともに、現地に飛んで戦いました。(中略)それから戦争が、ほんとうの戦争がはじまりました。ついに敗北の事態にたちいたり、ほかのおおくの人々と同様、私も、フランスと結婚したというわけです。パリにもどったとき、アルベール・カミュからこう訊かれました。『ロシアかアメリカか、その二者択一をせまられる日が、かならずやわれわれに到来せずにはいないのでしょうか?』と。私にとって択一とは、ロシアとアメリカのあいだのそれではなく、ロシアとフランスのあいだのそれであると申しあげなければなりません。弱いフランスが強力なロシアと相対峙している現時点においては、もはや私としては、かつて強力なフランスが弱いソ連と向きあっていたときに自分が信じたような言葉は、ひとことだって信ずることができません。(中略)

私の眼で見て、歴史の領域における過去二十年来の最大最重要の事件とは、国家優先という現実が生じたことであると思います。しかも、国家主義とはまた別の現実でありまして、いわば国の特異性というものではあっても、その優越性ということではないのです。マルクス、ヴィクトール・ユゴー、ミシュレなどは

（「フランスとは一個の人格なり！」と書いた、あのミシュレでもですよ）、なにしろ、まだまだ、ヨーロッパ合衆国などというものの可能性を信じて疑いませんでしたからね。したがって、こうした面で現代への予言的役割をはたした人物は、マルクスではなく、ニーチェであったと申さなければなりません。ニーチェはこのように書いているのですから——『二十世紀は諸国家の戦争の世紀となるであろう』と。」

（『反回想録』竹本忠雄訳）

ド・ゴールを前にして、マルローは自分が今まで如何に様々な大義のために上手く奉仕してきたかを、多くの固有名詞を交えながら饒舌に語り、如何に上首尾に次から次にそれらの大義を放り出して来たかを示し、自分が軽業めいた小理屈をいくらでも捻り出して役に立つ事が出来るかを臆面もなく語っている。

三流批評家が、大作家に提灯持ちの売り込みをしているような場面に接して、私はマルローが、ド・ゴールの周囲にいた政治屋の一人に過ぎない事を知り、また彼の描く将軍の肖像を信じてはならない事を知るだけではない。

マルローが、自らド・ゴール神話最上の語り部であると名乗って見せる語り口は確かに巧妙である。「私はまた、歴史的な人物と、偉大な芸術家、例えば画家や作家や音楽家との対話の記録がないのを発見して驚いている。（中略）私たちはヴォルテールがフリードリヒ二世との対話を書かなかったことに驚いている。ディドロは、ドルバック家の夜会の模様をあんなにも非凡な筆でソフィ・ヴォランに常に書き送っているのに、エカテリーナ二世との対話は書き残していない。（中略）ナポレオンはりっぱな態度でゲーテを迎えたが、それは単に《謁見》のためであった。ヴィクトル・ユゴーは、私たちのために、ルイ・フィリップとの会話を思い出して書いている。だが、ルイ・フィリップなど何者でもない。シャトーブリヤンは、プラハに亡命中のシャルル十世が彼になんの興味もない質問をしたり、王子たちが彼の膝の上にあがって『シャトーブリヤンさん、サン・セピュルクル〔訳注　エルサレムにある寺院で、キリストの墓がある〕の話をしてちょうだい！』とねだったりした時の会話を私たちに語っている。どうして彼は、プラハなどに行かずに、セント・ヘレナ島へ行かなかったのであろう？」（『倒された樫の木』新庄嘉章訳）

シャトーブリヤンとナポレオンの会話、という思いつきは素晴らしい。だからといって、私たちがド・ゴールとマルローの会話を読まなければならない義理はない。

たとえド・ゴールが二十世紀のナポレオンであるとしても。

マルローを「偉大な芸術家」と隔てている物があるとしたら、「歴史的な人物」との会話を残そうというような卓抜な思いつきにこそある。「芸術家」たちは歴史的人物を、羽飾りのように自分の頭に載せようとはしないし、第一「歴史的な人物」は、独白はしても対話などしない事を知っている。

私はマルローの文章を前にした時、むしろド・ゴールの方が真の文学者ではないか、といった感懐を抱く。

ド・ゴールの「作品」や「演説」の事を云っている訳ではない。書き手としてのド・ゴールは凡庸で、むしろペタンの方が才を感じさせる。

私がド・ゴールに真の文学を見いだすのは、ド・ゴールが赫々たる栄光に包まれた人生を送ったにも拘わらず、勝者というよりはむしろ敗者であり、敗者の悲しみを湛えているかに見えるからである。

その敗北はけして、五月革命の余波を受けて退陣した政治的経歴の幕切れが、挫折の色合いを濃厚に滲ませているからではないし、彼が生涯を捧げた祖国フランスの退潮が覆い難いからでもない。ド・ゴールの敗北、あるいは彼の挫折は、彼が自らを軍人として、次いで政治家として祖国と結び合わせて以来の決定的で、逃れ難い刻印であった。

「勝者」マルローの前で、ド・ゴールの相貌は彼がまぎれもない敗者である事を示している。

＊

第二次世界大戦の指導者たちの中で、アドルフ・ヒトラーに最も近い、類似した指導者は誰だろう、と時々考える。

世界秩序のみならず、価値観と信念が根底から覆った時代の政治家、そして人類の歴史始まって以来の大戦争の担い手であったリーダーの中でも、最も忌まわしいと同時に強力な個性をもっていたヒトラーに比肩し得るのは誰だろう。

それは、基本的にデモクラシィや議会政治の指導者である、ルーズヴェルトやチャーチルではありえない。

とすれば、その悪名からも、独裁者としての性格やカリスマ性からも、スターリンこそが、ヒトラーに匹敵する存在だろうか。

だが、スターリンは、レーニンらが作った組織を巧妙かつ細心に支配したに過ぎず、さらに共産主義の歴史がボルシェヴィズムより過去に遡る事を考えれば、ナチズムという特異かつ不可思議な運動をほぼ零から創造したヒトラーとは異なっている。またスターリンには、ヒトラーのバック・ボーンとなっているような軍隊経験、従軍歴がない。

では東條英機はどうだろうか。確かに軍人政治家という点では、東條とヒトラーは似ているし、欧米には東條を日本版ヒトラーと見做す意見がないではない。だが日本人から見れば、東條は戦争指導者と呼ぶのも気の毒な、慎重で小心な軍人官僚にすぎなかった。

おそらく大方の識者は、シャルル・ド・ゴールとアドルフ・ヒトラーの名前を並べる事に違和感を覚えるだろうし、一部のフランス人からは強い反発を受けるだろう。

だが、片や救国の英雄、片や悪魔の独裁者という双方の厚いベールを剝がして、単なる政治家としてこれらの人物を見れば、その横顔は驚くほど似ているのではないか。

二人に共通しているのは、まず個人としての政治力の際立った高さ、政治的天才と呼ぶ事にいささかも悖《もと》らない力量にある。ヒトラーが、一人で（軍部の後見があったにしろ）ナチス運動を拡大していったのと同様に、ド・ゴールは徒手空拳で、敗北した祖国からイギリスに渡り、「自由フランス」を組織した。

いわゆる民主主義からの逸脱という点からすれば、ド・ゴールの方がヒトラーよりも甚だしいかもしれない。ヒトラーはまがりなりにも、議会の承認を得て政治指導者になった。だがド・ゴールが、自らフランスの首長になった時に、彼はいかなる選挙も受けた事がなく、十日余り前に崩壊しつつある共和国政府によって陸軍次官に任命されたばかりだった。

一方ヴィシー政権は、パリからヴィシーに逃れてきた国民議会の、議決によって樹立された政権であり、国際社会が一致して公式のフランス政府として認めていた。無論当時の中立国である、アメリカやソビエト、ヴァチカン、日本もヴィシーに外交団を送っている。

歴史の天秤が結果を出した現在の時点で、ヴィシーを傀儡政権と規定するのは容易だ。だがド・ゴールが長年薫陶を受けたペタンの膝下を単身離れた時点では、法的には勿論、軍事的にも歴史的にも、いかなる正統性もド・ゴールの「政府」と彼の地位に見いだす事は出来なかった。その「政府」とは、ただド・ゴールの胸の裡にだけ存在していたものであり、数少ない、ジャーナリストや外交官といった支持者たちも、本気に取っていなかった。ただ一人ド・ゴールだけが、圧倒的なドイツ軍の侵攻に茫然自失したフランス国民、国家の中で、その勝利と不滅を信じていたことを除けば、その地位に何の根拠もなかった。

その点からすれば、ド・ゴール将軍の孤独は、あるいは個人により一つの国の運命を転回させた力は、ヒトラーよりも遥かに大きいと言えるかもしれない。

一九四〇年五月にベルギィに侵攻し、北部フランスになだれ込んだドイツ機甲部隊に対して、フランス軍は後退を続けた。前線で戦車部隊を指揮していたド・ゴール臨時准将は、瓦解する前線の中で唯一ドイツ側に強力な反撃を試み、大量の捕虜と戦車を捕獲した。

六月六日、政府の中では少数となっていた継戦派のポール・レイノーは、厭戦気分が漲っていた陸軍内部で唯一人反転攻勢を企てているこの臨時准将を陸軍次官に任命した。

ロンドンと、パリから逃げ出してトゥール、ボルドーと刻々と所在を変えるフランス政府の間を行き来しながら、ド・ゴールはチャーチルと共同歩調を取り、休戦案を必死に抑えた。だが、政府が休戦派のペタン元帥の手に渡った時点で、「敗戦の合法性」（J・ラクーチュール）と手を切り、単身ロンドンに赴いたのである。フランス政府がヒトラーに休戦を乞い、ペタン元帥が国民に平和を告げた六月十八日、ド・ゴールはBBCのマイクから国民に呼びかけた。

長年にわたってフランス国軍の指揮にあたっていた将官たちが政府をつくりあげました。

この政府は、わが国軍の敗北を口実に、戦闘を終了させるために敵と接触をもつにいたりました。

たしかにわれわれは、敵の地上軍および空軍の機械力によって押し流されたのであり、またげんに押し流されています。（中略）

だが、もはや万事が終ったのでしょうか。希望は消えさらねばならないのでしょうか。敗北は決定的なのでしょうか。いな！

私の言うことを信じていただきたい。私は、熟慮の上、フランスにとって何ものも失なわれてはいない、と諸君に告げるのであります。

（『ドゴール大戦回顧録Ⅲ』資料、村上光彦、山崎庸一郎訳）

そして翌十九日には、このように演説した。

今やすべてのフランス国民は、通常の権力形態が消滅したことを理解しています。

フランス国民の困惑を前にして、敵の軛の下に落ちこんだ政府の瓦解を前にして、わが国の諸機関の運営が不可能になった現状を前にして、フランスの軍人であり将官である私、ド・ゴール将軍は、敢えてフランスの名において語ります。

フランスの名において、私は以下のことを明瞭に宣言します。

フランス人にして、今なお武器を保持している者はすべて、抵抗を継続すべき絶対の義務をもつ。

武器を投げ棄て、軍事拠点を明け渡し、あるいは、どんな小部分であれフラン

スの土地を敵の支配に委ねるのに同意することは、祖国に対する犯罪となるであろう。(中略)

立て、フランスの兵士らよ、諸君がどこにいようとも!　(同上)

ここでド・ゴールは、啓示を受けたジャンヌ・ダルクというよりは、「朕は国家なり」と述べた君主のように語っている。フランスの命運を自らの意志と一つのものに見て、何の迷いも覚えていない。

一体如何なる政治家が、あるいは軍人が、周囲の理性的な者たちがすべて現実と妥協し、承認している時に、自らを国そのものと見做し、国家の名において、恐るべき敵と対峙している民衆に向けて、「立て」と命令する事が出来るのだろう。そして、その自らしか支えに成り得ない号令により、歴史の鼻面を把んで引きずり回す事が出来たのか。

個人が、自分こそ国家だと名乗るのは、云うまでもなくきわめて異常である。それは何によって可能になり、如何なる経験によって生じ、裏付けられたのか。我こそ国家なり、と語り得るような者は、如何にして生まれたのだろう。

＊

シャルル・アンドレ・ジョゼフ・マリ・ド・ゴールは、一八九〇年十一月二十二日に、母親の実家のあるリール市で生まれた。

ド・ゴール家はブルゴーニュ出身の小貴族の家系である。系図学者は十三世紀までその血脈を遡る事が出来ると主張している。だがフランス史上に散見される「ド・ゴール」という名前をもった者たち――例えばマリィ・アントワネットの秘書官だったアントワーヌ・ド・ゴール――は、いずれも彼の家系とは無関係である。十七世紀以降、無名の軍人や法官、官吏、学者等を連綿と輩出してきたド・ゴール家に強いて高名な人物を求めれば、シャトーブリヤンをはじめとする作家、政治家の伝記をたくさん書き、共和的民族主義の立場の雑誌を出版していたシャルルの祖母ジョゼフィヌ・ド・ゴールだろう。

父アンリ・ド・ゴールは、歴史、哲学、文学の教師として、パリのイエズス会の高校に勤務し、校長も務めた。敬虔なカトリックの信者であり、「反宗教的」な共和政府への反感を隠さない王政論者であり、一八七一年に普仏戦争で負傷した熱烈な愛国者だった。日曜日にアンリは、子供たちを自分が騎馬偵察隊中尉として負傷したパリ近郊の戦場跡に連れていったという。

伝記作者たちは、アンリの反動的・右翼的傾向を強調しすぎないよう注意している。たしかに、アンリには反ユダヤ主義的傾向はなかったらしい。周囲（何しろ彼はイエズス会の学校に勤務していた）の反発にも拘わらず、ドレイフュス大尉が無罪であるという信念を披瀝したと、息子シャルルは書き残している。

だがまた第三共和制にたいして、並々ならぬ感情を抱いていたであろう事は想像に難くない。一九〇二年六月、首相に就任したエミール・コンブは、共和主義者としての信念に従い、前任者が成立させた反コングレガシオン法、つまり議会の認可を経ない宗教団体の存続を許さず、また宗教教育を許さない結社法を厳格に適用する方針を発表した。新首相は、尼僧により運営されているすべての女子学校を閉鎖したのを手はじめに、七月には全土の教区学校全ての閉鎖を命じ、また議会に認可を申請していた五十四の宗派の認可をすべて否決し、教会の土地財産の所有権を接収した。

イエズス会が主宰する高等学校に奉職していたアンリ・ド・ゴールが、共和国によるカトリック諸派への抑圧の影響を正面から受けた事は言うまでもない。失職したアンリは、バカロレア取得のための私塾を開いて糊口をしのぎ、シャルルを公立学校に通わせる事を潔しとせず、ベルギィのアントワープの学舎に入れ、亡命した旧師の指導を受けさせる事を選んだ。

幼いシャルルが如何なる環境に育っていたかを、私たちはさして過たずに理解する事が出来るだろう。享楽的なベル・エポックのさんざめきに耳を閉ざして質素な生活を送る、ひっそりとした誇り高い家庭。祖国への献身と弾圧された信仰に結びついた父親の姿。その父に敗戦の話を聞き、またラテン語詩文の手解きを受け、ロスタンとバレスとアクション・フランセーズに熱中する長身の少年。

その熱狂はなかば時代の思潮に動かされたものであると同時に、大衆の気まぐれを冷眼視し、時の公権力や世論に一人で抗しても守るべき物があるという、ナルシシズムでもあった。シャルル・ド・ゴールは、父親に反抗するよりも、父を抑圧し打ち負かした大いなる力に反発し、いつか単身対決する予感の裡に思春期を過ごしたのである。

一九〇九年、当時規定となっていた一年の兵卒生活を終えて、シャルルはサンシール士官学校に入学した。軍人という職業の選択は、彼の家系からすれば不自然なものではない。しかしタンジール事件以降、ドイツとの軋轢が激しくなり、戦争の予感は否み難くなっており、この志望に強い愛国心と自恃を見ない訳にはいかない。

当時のフランス陸軍は、ナポレオン三世が捕虜になり敗北した普仏戦争の屈辱をはらすべく、好戦的な気分が横溢していた。軍人は常に前の戦争を戦うというアフォリズムそのままに、若い軍人たちは守勢に立って失敗した前回の教訓から、緒戦決着を熱烈に唱えた。高揚するナショナリズムを背景に、軍事理論家たちは前進第一主義を信奉し、その理論的支柱としてベルクソン哲学を援用した。仮借のない、如何なる犠牲も厭わない突撃的前進こそが、フランス精神に、「エラン・ヴィタル」に合致するのだと。「フランス陸軍は攻勢以外の作戦をもたない」と青年将校のリーダー、グランメゾン大佐は断言している。

ド・ゴールもまたベルクソンに心酔し、攻撃的な戦略を賞揚する青年士官の一人となった。だが最初の勤務地であるアラスに赴いた時、連隊を指揮していたのは、攻撃主義の空疎さを冷笑し、防衛・火力優先主義に固執するペタン将軍であった。

ドレイフュス事件以降の陸軍にあって、ペタンは敬虔なカトリシズムと民族主義に立つ保守派の重鎮であり、シャルル・モーラスら右翼作家とも深い親交があった。戦術思想は異にするものの、ペタンとド・ゴールの陸軍内部での政治的立場は近いものであり、実際この邂逅以来、一九四〇年の夏まで、ペタンはド・ゴールの庇護者の役割を果たした。自負が高すぎるために、共和的な将校たちに目の仇にされてさほど成績がよくなかったド・ゴールが出世レースの第一線に浮上出来たのは、戦争指導や軍政に関わる旺盛な文筆活動のためと、元帥が常にこの若い士官につけられた評価の「奇怪な誤り」を正してきた故である。

一九一四年第一次世界大戦の火蓋が切られると、かねてからの計画通り、フランス軍は現役戦力の全てを挙げて決戦を挑んだ。しかしベルギィから侵入してきたドイツ軍に腹背をつかれ、前線は総崩れとなり、政府は一時パリからボルドーに避難した。しかし熱烈な愛国心が兵卒にまで浸透していたフランス軍は、奇跡的にパリ近郊――エッフェル塔の先端が望めるような――でドイツ軍をせき止めて敗北を免れ、戦線は膠着した。

陸軍首脳は緒戦の失敗に学ばず、無意味な攻勢を数十度に亘って試み、膨大な犠牲をいたずらに生み続けた。前線には急速に厭戦気分が広がり、小規模な反乱が頻発した。

一九一六年ドイツ軍が緒戦以来の大攻撃をかけて来たとき、フランス陸軍はペタンに指揮を委ねる。ペタンは防衛を主眼とした重厚な布陣を敷き、ドイツ前線に火力を集中する事で、辛うじて防衛線を支えて、祖国の危機を救った。

以降ペタンの指揮下、フランス軍は圧倒的な火力の支援の元でのみ攻勢をかける方針に転換し、無益な犠牲は急速に減少した。またペタンはクレマンソー救国内閣と緊密な連絡を取り、兵士の休暇を増やすと共に、その待遇や給与、留守家族の福祉を向上させて、士気と規律を回復させたのである。

ペタンは第一次世界大戦の英雄となり、フランス陸軍は防衛第一主義へと転換し、二十余年後の敗北の下地が作られた。また兵士の生命を尊重し、その生活に細心の注意を払うというイメージは、ペタンを敗戦下の混乱の中でヴィシー政府の首長の座につける事になる。

戦術思想を異にする庇護者の栄達は、ド・ゴールにとっても好都合だった。ド・ゴールは、第一次世界大戦の結果にもかかわらずペタン主義に転向しない、従来のベルクソニスムを貫く数少ない将校であり得たのである。

ド・ゴールも塹壕戦の恐怖と、勇気や精神が近代兵器の前では何の役にも立たない事を認識していた。彼自身、三度戦場で負傷し、最後に重傷を負った時には捕虜となり、休戦まで抑留された経験から、無意味に人間を損ない、殺戮していく近代戦の本質を体験させられていたのである。また一国がその国力の総てをかけて戦う近代戦は、必然的に長期化し、そのために軍と一般社会双方に大きな負担がかかり、時に内部崩壊を招きかねない事もよく理解した。

だがド・ゴールの出した結論は、ペタンらと異なっていた。ペタンが現実と妥協した地点で、ド・ゴールは軍事の理論の貫徹を目指す。ド・ゴールは一九三二年に発表した戦争指導者論『剣の刃』の中で、指揮官は人間の「日常的な思考」を脱け出し超越しなければならない、と説いている。この若い士官は、少年期の予感のままに、時勢が打ち捨てた理想を、たった一人で担う覚悟を既に固めている。

この超越の思想は、彼なりのベルクソン解釈によるものであると同時に、第一次世界大戦前にフランス国民の間に広範に存在していた愛国的熱狂が消滅した現実を前にして、必然的に軍事指導者が超えなければならない境界でもあった。

現代は権威にとって試練の時代である。現代の社会風俗がこれを微塵に打ち砕き、法律がさらにこれを弱体化させている。

職場、家庭、国家、巷のいたるところで、権威は信頼や服従を受ける代りにいらだちや批判に晒されている。自己表明するたびに下から叩かれて権威は自信を喪失し、迷い、そして、しかるべきタイミングを逸するか、または、言うべきことも言わず、慎重に、弁解がましく萎縮するか、あるいは、極端に粗野な言動をとり形式主義にはしるかしている。(中略)

世が乱れ、秩序や伝統が激変してしまった社会では、当然、既存の服従心は弱まるものであるから、指導者の個人的威信が統率の要となるのである。(中略)

指導者は、高く大きな理想を胸に抱いて大所高所から物事を判断しなければならない。そして、せま苦しい巷で角突き合わせている庶民の俗事に超然たるべきである。

些細な俗事を思い煩うのは民衆の宿命である。しかし、指導者たる者は些事に一瞥もくれてはならない。俗物は慎みのないものである。しかし、指導者は野卑な言動をとってはならない。とはいえ、これは品行方正とは異なる。福音書的完璧さは影響力を持たない。大事を成す人物がエゴイズム、自負心、冷酷さ、策略をもっていないなどとは考えない方がよい。それらが偉大さの実現の手段であるならば、すべて許されるし、時には、かえって、そのような欠点そのものが統率力を高めるのである。

指導者は民衆の秘かな期待に偉大さという満足を与え、また、服従に代償を与えて、彼らを誘導していくのである。たとえ、彼が中途で倒れたとしても、彼が示した壮大な夢は人の心にいつまでも焼きついているものである。

（本書六九頁―八二頁）

ここでド・ゴールが述べている指導者論を、『我が闘争』のそれと同一視する事は、行き過ぎというものだろう。だがまた、この二冊が共に第一次世界大戦の塹壕から生まれた事も間違いない。

二人は、ともに「現代の社会風俗」が、あらゆる「権威」を「微塵に打ち砕き」、「弱体化」させている時に、どうすれば強力な政治が、戦争指導が可能になるか、という疑問を抱き、そして二人とも——その内実は異なっていたとしても——「民衆の秘かな期待に偉大さという満足を与え」る事で、民主主義的過程を飛び越えて、直接に大衆を「指導」するという結論に至っている。

第一次世界大戦後の愛国主義の退潮と大衆社会の進行による国民国家的一体感の崩壊という現実にたいして、ド・ゴールとヒトラーが提出した回答はほぼ同一のものであると見てさしつかえない。それはまた、ヒトラーを保守的ユンカー出身の軍国主義者たちから、またド・ゴールをアクション・フランセーズやペタン流の愛国者から隔てている意識だった。民主主義的な過程と大衆の興味を超越し、その外側で政治を行うこと。

ド・ゴールは、国民国家的な民主主義を断念した地点で、その政治を構想しはじめた。それはおそらくファシズムや独裁というよりも、君主制に近いものである。但し、大衆社会の暴力を直視した上での、個人的君主制。

故にド・ゴールがフランス陸軍のなかで唯一機甲部隊の重要性を説き、電撃戦を構想していたのも当然なのである。

今日では、ドイツ機甲師団の組織者であり、電撃作戦の立案者の一人だったハインツ・グデーリアンが、ド・ゴールの著書『職業軍の建設を！』や機甲師団設立提案のレポートに啓発された、とする伝説は成り立たないと証明されている。にも拘わらずド・ゴールが、ドイツ側と踵を接して同じ時期に同様のアイデアを発想した事も否定出来ない。そして機甲師団、あるいは電撃戦の思想は、大衆社会における指導力のあり方から直接的に導き出されるものであるからこそ、ド・ゴールはナチス・ドイツと同時期に発想し得たのである。

第一次世界大戦のような持久戦は、内政問題によって戦争指導が脅かされざるをえない。そのため市民生活に負担をかけず、そしてまたその束縛を受けない次元で戦争を遂行する手段として、高度に機械化されたプロ集団による短期決戦という構想が生まれた。

実際ナチス・ドイツはあれだけ多方面な戦争を行いながら、市民生活が逼迫し、工場労働を強化するのは漸く一九四四年に入ってからだった。この処置が、ドイツ第二帝政下で一般市民が食料にも窮して厭戦気分が蔓延し、陸海軍で反乱が起きたために崩壊した反省に立っていた事は云うまでもない。

＊

だが実際にド・ゴールが行った政治とは何だったのか。

ヒトラーに比べれば、ド・ゴールの「天才」は極めて明瞭に定義出来るし、その経緯を検証する事もさほど難しい事ではない。

ヒトラーと異なり、ド・ゴールには無名時代などない。彼は軍歴から、政治へと足を踏み出した途端、すぐにチャーチルやルーズヴェルトを相手に回して戦い、勝利を収めている。

ド・ゴールの起こした奇跡を要約すれば、彼が「自由フランス」という、現実の敗北した国家とは別の国を作り上げ、それを連合国に承認させ、そして最終的にフランスを戦勝国の側、戦後の世界秩序のルール・メーカーの側に置いた事である。そしてこのような政治的奇跡を、ド・ゴールは殆ど一人で、しかも素手で成し遂げた。

この奇跡を実現させたものを一言で云えば、信念であり、誇りと云う事になるだろう。だがその「信念」とは、私たちが日常生活の中で理解しているような、感情や精神の一形態とはまったく無縁な、おそらくヒトラーの「憎悪」とさして変わらないような、人間性を超越した異常なものである。

実際、第二次世界大戦中のド・ゴールの言動は異常と云わざるをえないものだ。故国を追われ、連合軍の武力以外に祖国を回復する方途がないにもかかわらず、得意の箴言「国家の名に値する国には、友邦など存在しない」を地で行く、イギリスやアメリカを敵視するような行動をとっている。

ド・ゴールは、事前に何の相談もなく連合軍が「フランス領」アルジェリアに上陸した事に怒り、またアメリカとカナダがニューファウンドランド島南のフランス領の小島サン＝ピエールの中立化を試みているのはフランスの主権の侵害だと、真珠湾攻撃直後のルーズヴェルトにねじこんだ。またマダガスカル島のドイツ軍を駆逐したイギリスが、そこに仮の行政府を置く事も侵害だと抗議し、事態を紛糾させている。

するとチャーチル氏は、辛辣で熱のこもった調子で私に食ってかかった。マダガスカルに英国が管理する行政部を設置すればフランスの権利にたいする侵害となることを指摘して、私が彼にその点を留意させようとしたところ、彼は憤慨して叫んだ。「あなたはあなたがフランスだとおっしゃる！　あなたはフランスではありません！　私はあなたをフランスだとは認めません！」それから、あいかわらず烈しい語調でつづけた。「フランス！　それはどこにあるのですか。たしかにド・ゴール将軍と彼に従っている人たちとが、この民衆の重要かつ尊敬すべき一部をなしてはいます。それは認めるのです。しかしたぶん、この人たち以外にも、やはりその価値を有する権威がほかにみいだされるかもしれないのですよ。」私は彼のことばを遮った。「もしあなたの眼からみて私がフランスの代表者でないのだとすれば、なぜ、またいかなる権利にもとづいて、フランスの世界的権益について私と交渉なさるのですか。」チャーチル氏は黙りこんだ。

（『ドゴール大戦回顧録V』）

たしかにド・ゴールの云う事は正論である。徒手空拳の臨時准将などではなく、フランス本土にいる正統な政府との交渉をイギリスは再三試み、また実際に接触しながら、結局はナチスの支配下にある限り「同盟国」たりえない、という事を思い知らされるだけだった。全世界を舞台にドイツ、日本と戦うためには、名義上だけでも「フランスの世界的権益」に関する承認を「フランス」国家から得る必要があり、イギリスにとってその相手はドイツへの敗北を認めないド・ゴールしかいなかった。「しかし結局、貴殿がフランスと対話なさるにあたってだれが話相手になりうるでしょうか」

しかし純理論的道筋とは別に、理屈に合わない屈託をチャーチルが始終味わっていた事は疑いない。有り体に云えば、ド・ゴールは一亡命者にすぎなかった。

イギリス政府の保護を求めた身でありながら、ド・ゴールはフランス国家の代表として対等の立場での交渉を要求しているだけでなく、場合によっては手を切る事も辞さないと、脅迫する傲慢さを示した。

ド・ゴールの権威はといえば、彼がフランスが降伏したその日から、戦いの継続を叫び、一日たりともその呼びかけを止めなかったという事だけなのだ。そしてこのような狂信が、現実の帝国を背景とした政治家を打ちまかしてしまうという不思議。

現実の、常識の世界に生きているチャーチルにとってそれが如何に割り切れない、不条理な経験であったか。そしてチャーチルは、ド・ゴールに敗北を重ねた。それは弱者の恫喝といった次元の問題ではない、政治の根本にかかわる絶対的な差が両者の間にあるためだ。

ド・ゴールを最後の最後まで認めようとせず、ヴィシーと手を切った後も海軍のダルラン提督やジロー将軍をフランスの代表に据えようと企てていたF・ルーズヴェルトも、結局はド・ゴールをフランスの代表として認めた。チャーチルとルーズヴェルトは手紙の中で、ド・ゴールを「花嫁」とあだ名している。いくら不愉快な奴でも、席につかせないと式がはじまらない、という意である。「花嫁のふるまいはますます我慢なりません。（中略）われわれがフランスに入るときには、それが軍事占領なのだということをよく考えてみる必要があります。ド・ゴールをどう始末すべきか、わたしには判りません。あなたなら、もしかすると彼をマダガスカルの総督にでも任命されるでしょうか？」

実際にはチャーチルもルーズヴェルトも、ド・ゴールを厄介払いする事は出来ず、またフランスを軍事占領するどころか、戦勝国の一員として遇せざるを得なくなった。

政治的に云えば、ド・ゴールの成功は、一貫してフランスは敗れておらず、その敗れていないフランスの代表は自分だと主張し続けた事に因る。ド・ゴールは、フランスは継戦しているという架空の前提に立ち、味方である連合軍側のいかなるフランスの権利侵害や軽視も許さないという姿勢を貫く事で、その存在を認めさせ、尊重させた。

ド・ゴールの存在を連合国が認めるという事は、現実の、敗北してヒトラーと妥協したフランスとは別のフランス、ペタンによって乗っ取られていないフランスの存在を国際社会が認める事だった。そしてこのようなフランスの持続は、一にド・ゴール個人の存在にかかり、依存していたのである。連合軍により解放されたパリに乗り込んだド・ゴールは、市庁舎で共和国宣言をするようにレジスタンス国民評議会議長に要請されて、言下に拒絶した。「共和国は一度も存在をやめたことはない。ヴィシー政府は常に無価値であり、存在しなかったのです……わたし自身が共和国政府の首班であります。だとすれば何故わたしが共和国を宣言しなければならぬのです？」（『ドゴール』ジャン・ラクーチュール、持田坦訳）

ド・ゴールの政治は、何よりも不敗のフランスの存在を主張し、それにより現実の「敗北」を駆逐する事に賭けられていた。パリの解放も、共和国の復活ではなかったし、レジスタンス（英米への大言壮語に反して、ド・ゴールがその意味をどれほど評価していたのかははなはだ疑問だが）は、抵抗の戦士などではなく、彼の命令により国民の義務に従ったにすぎなかった。

ド・ゴールは戦犯の裁判にさいして、ヴィシー政府の非人道性やナチス・ドイツとの協力の是非を問う必要を一切認めなかった。ド・ゴールにとって、ヴィシーの政治家や軍人たちが犯した罪は、ドイツに降伏をしたという唯一点だけであり、その外は訴追されるべき科《とが》ではなかったのである（実際の裁判はド・ゴールの思惑通り行かなかった）。ド・ゴールも人間主義的な美辞麗句を口にしているが、それは「道徳的」な看板を共産主義の宣伝に独占させないための、配慮にすぎなかった。彼にとって明らかだったのは、彼の、国民や政治屋共に妥協しない非民主的信念こそが、フランスを救ったという事である。

と同時にド・ゴールの政治を特徴づけているのは、極端な非イデオロギィ性である。ド・ゴールはドイツを駆逐した祖国が、どのような体制をもつべきか、一切考えていない。レジスタンスや共産党の活動家が、緻密に計画したような革命の計画など、彼は寸分も抱いていなかった。彼がもっていたのは、「フランス」という祖国の名前にすぎなかった。

あらゆる現実的打算や利害を超越した国への信念が、ド・ゴールをしてフランスの首長たらしめ、手前勝手な活動家の計画を無効にし、連合国の思惑を打ち崩し、フランス国家を再生させた。

ド・ゴールだけが、祖国を守るためには、あらゆる現実を「超越」しなければならないことを、あらゆる侵害や侮辱に妥協しない、たった一人の人間の信念のみが「祖国」をあらしめる事を知っており、架空の祖国を支え得るような強い魂をもっていた。

＊

改めてド・ゴールの「勝利」を数え上げる必要はないだろう。将軍は壊滅した祖国を、第二次世界大戦の勝者にし、その植民地や国際的地位を保全し、「自由フランス」とレジスタンスの神話を作り上げ、国民的一体感のもとに共産革命を防いだ。十年余りの隠遁の後、アルジェリア危機に再登場し、大胆に植民地を解放してフランスの近代化、西欧化を推進した。NATO体制から距離を取り、同盟外交の枠から飛び出して核武装を推進し、超大国の国際支配からの独立を企て、ドイツとの緊密な同盟によりヨーロッパの地位向上を実現した、等々。

だが、改めて、ド・ゴールは本当に勝利したのかと、私たちは問わざるをえない。それは、ド・ゴールの作り上げた虚空の祖国「フランス」の幻影が、その六九年の退陣と共にかき消え、停滞し未来のないヨーロッパ半島の老国が残されたように見えるからではない。

あるいは冷戦下でのフランスの相対的独立のために、ヨーロッパのアメリカ・アジア・ソビエトの間での独立を求めるというヨーロッパ統合戦略がフランスの埋没を生み、結果として第三帝国のめざしたヨーロッパの「新秩序」を完成させたように見えるからでもない。

第二次世界大戦での、その「勝利」の本質が、結局は外交と宣伝中心の「手品」じみたものであり、真の国民的力によってでなく、英米だのみの解放を戦勝として言いくるめた「ごまかし」に過ぎなかったからでもない。

ド・ゴールが祖国の持続を云い、その最終的勝利を語る事が出来たのは、ド・ゴールがフランスの勝利を信じていたからではなく、予めその敗北を熟知していたためのように思われる。

そしてド・ゴールが、その信念を貫けたのは、如何なる敗北にも動じないような傷を彼が負っていたためではないだろうか。

ド・ゴールにとって敗北が予めのものであったのは、フランスがヨーロッパにおいて最早小国でしかないという厳しい自覚の下で、超大国たりえないからこそ、「独立」が大きな意味をもつという認識があったためである。

と同時に結局彼にとって国が、彼個人に発する、極めて個人的なものだったからである。その意味で彼の「フランス」は、現実の国家としては、当初から失われていた。だがまた彼の祖国は彼自身に根拠を置いていたからこそ、いかなる現実の不利にも関わらず、「勝利」を収める事が出来た。

わたしは、わたしの葬儀がコロンベ＝レ＝ドゥ＝ゼグリーズにおいて行なわれることを望む。わたしが他処で死んだなら、いささかの公的儀式もなく、わたしの遺体をわたしの家へ運んでもらいたい。

わたしの墓は、すでに娘アンヌの眠っている、そして将来わたしの妻の眠るべき、あの墓である。碑銘は、シャルル・ドゴール（一八九〇年―）とし、他に何もいらない。

葬儀はわたしの息子、娘、娘婿、義理の娘が取決め、周囲のものがこれを助け、極めて簡素に行なってもらいたい。私は国葬を望まないし、また大統領、大臣、両議院代表、政府機関代表の列席を望まない。ただフランスの軍隊だけは公式に参列してもらいたい。ただし、その規模は極めて小さなものとし、音楽、ファンファーレ、鳴物の類は用いないでいただきたい。

教会でも、また他の場所でも、弔辞は一切無用。議会での追悼演説もやめてもらいたい。葬儀においては、わたしの家族、フランス解放の組織における同志たち、コロンベの村会議員のため以外には、一切の特別席は設けられない。フランスの、また世界の他の国々の男性女性は、もし彼らが望まれるならば、わたしの記憶に名誉あらしめるために、わたしの最後の安息所まで遺骸を送っていただきたい。しかしわたしの願いは、わたしの野辺送りが沈黙のうちに行なわれることである。

フランスのものであれ、外国のものであれ、わたしは一切の特恵、昇進、官位、表彰、勲章をあらかじめ拒むことを言明する。もしそうしたものが一つでもわたしに授与されるならば、それはわたしの最後の意志に背くことになるであろう。

（『ドゴール』）

この遺書に示されているのは、もとより聖人めかした演出ではないし、彼を散々こき使ったあげくほうり出した、国家や国民への悪意でもない。人生の最後に彼が示したのは、まったく個人的な意志であった。それは質素な父祖伝来の生活への帰還であると同時に、彼と彼の生涯、彼の政治と彼の祖国が常に個人的な魂によって支えられてきた事を語っている。

そして彼の魂は、その信仰や生活、家族、郷土、記憶などに支えられ、そこから生まれたものであり、それらの絆は、私達が、文芸と呼び、より深く言葉と呼ぶものと、極めて似た織物をなしているようだ。

（初出・『第二次大戦とは何だったのか』筑摩書房）

シャルル・ド・ゴール (Charles de Gaulle)
1890−1970年。フランスの軍人・政治家。1940年、ナチスドイツに降伏後、英国に逃れ、ロンドンに亡命政府「自由フランス政府」を樹立し、レジスタンスを指導。フランス解放後、共和国臨時政府主席。一時引退したが、1958年、挙国一致内閣で首相となり、第五共和政を発足させ、初代大統領に就任。米ソの国際関係の中でフランス独自の外交路線を追求した。著書に『職業軍の建設を！』『大戦回顧録』『希望の回想』など多数。

小野繁 (おの しげる)
1943(昭和18)年生まれ。明治大学政治学科卒業。ニース大学留学。第一経済大学(現・日本経済大学)元教授。訳書に、ド・ゴール著『職業軍の建設を！』、ジャック・イゾルニ著『ペタンはフランスを救ったのである』。

文春学藝ライブラリー
歴13

剣《つるぎ》の刃《やいば》

2015年(平成27年) 6月20日 第1刷発行
2023年(令和5年) 7月15日 第3刷発行

著　者　シャルル・ド・ゴール
訳　者　小野　繁
発行者　大沼貴之
発行所　株式会社　文藝春秋
〒102-8008 東京都千代田区紀尾井町3-23
電話(03)3265-1211(代表)

定価はカバーに表示してあります。
落丁、乱丁本は小社製作部宛にお送りください。送料小社負担でお取替え致します。

印刷・製本　光邦
Printed in Japan
ISBN978-4-16-813037-3

（　）内は解説者。品切の節はご容赦下さい。

内藤湖南
支那論
博識の漢学者にして、優れたジャーナリストであった内藤湖南。辛亥革命以後の混迷に中国の本質を見抜き、当時、大ベストセラーとなった近代日本最高の中国論。（與那覇　潤）
歴-2-1

磯田道史
近世大名家臣団の社会構造
江戸時代の武士は一枚岩ではない。厖大な史料を分析し、身分内格差、結婚、養子縁組、相続など、藩に仕える武士の実像に迫る。磯田史学の精髄にして、『武士の家計簿』の姉妹篇。
歴-2-2

野田宣雄
ヒトラーの時代
ヒトラー独裁の確立とナチス・ドイツの急速な擡頭、それが国際政治にひきおこしてゆく波紋、そして大戦勃発から終結まで——二十世紀を揺るがした戦争の複雑怪奇な経過を解きあかす。
歴-2-5

勝田龍夫
重臣たちの昭和史（上下）
元老・西園寺公望の側近だった原田熊雄。その女婿だった著者だけが知りえた貴重な証言等を基に、昭和史の奥の院を描き出す。木戸幸一の序文、里見弴の跋を附す。
歴-2-6

原　武史
完本　皇居前広場
明治時代にできた皇居前広場は天皇、左翼勢力、占領軍それぞれがせめぎあう政治の場所でもあった。定点観測で見えてくる日本の近代。空間政治学の鮮やかな達成。（御厨　貴）
歴-2-9

シャルル・ド・ゴール（小野　繁　訳）
剣の刃
「現代フランスの父」ド・ゴール。厭戦気分、防衛第一主義が蔓延する時代風潮に抗して、政治家や軍人に求められる資質、理想の組織像を果敢に説いた歴史的名著。（福田和也）
歴-2-13

小坂慶助
特高　二・二六事件秘史
首相官邸が叛乱軍により占拠！　小坂憲兵は女中部屋に逃げ込んだ岡田啓介首相を脱出させるべく機を狙った——緊迫の回想録。永田鉄山斬殺事件直後の秘話も付す。（佐藤　優）
歴-2-15

（ ）内は解説者。品切の節はご容赦下さい。

猪木正道
日本の運命を変えた七つの決断
加藤友三郎の賢明な決断、近衛文麿の日本の歩みを誤らせた決断。ワシントン体制下の国際協調政策から終戦までを政治学の巨人が問い直す！（特別寄稿／猪木武德・解説／奈良岡聰智）
歴-2-16

秦 郁彦
昭和史の軍人たち
山本五十六、辻政信、石原莞爾、東条英機に大西瀧治郎……陸海軍二十六人を通じて、昭和史を、そして日本人を考える古典的名著がついに復刊。巻末には「昭和将帥論」を附す。

歴-2-17

江藤 淳
完本 南洲残影
明治維新の大立者・西郷隆盛は、なぜ滅亡必至の西南戦争に立ったのか？ その思想と最期をめぐる著者畢生の意欲作。単行本刊行後に著した「南洲随想」も収録した完全版。（本郷和人）
歴-2-25

三木 亘
悪としての世界史
ヨーロッパは「田舎」であり、「中東と地中海沿岸」こそ世界史の中心だ。欧米中心主義の歴史観を一変させる、サイード『オリエンタリズム』よりラディカルな世界史論。（杉田英明）
歴-2-26

本郷和人
新・中世王権論
源頼朝、北条氏、足利義教、後醍醐天皇……彼らはいかにして日本の統治者となったのか？ 気鋭の日本中世史家が、王権の在り方を検証しつつ、新たなこの国の歴史を提示する！

歴-2-27

飛鳥井雅道
明治大帝
激動の時代に近代的国家を確立し、東洋の小国を一等国へと導いた天皇睦仁。史上唯一「大帝」と称揚され、虚実ない交ぜに語られる専制君主の真の姿に迫る。（ジョン・ブリーン）
歴-2-28

繁田信一
殴り合う貴族たち
宮中で喧嘩、他家の従者を撲殺、法皇に矢を射る。拉致、監禁、襲撃もお手の物。〝優美で教養高い〟はずの藤原道長ら有名平安貴族の不埒な悪行を丹念に抽出した意欲作。（諸田玲子）
歴-2-29

（　）内は解説者。品切の節はご容赦下さい。

林　健太郎
昭和史と私
過激派学生と渡り合った東大総長も、若き日はマルクス主義に心酔する学生だった。自らの半生と世界的視点を合わせて重層的に昭和史を描ききった、歴史学の泰斗の名著。（佐藤卓己）
歴-2-30

高木俊朗
陸軍特別攻撃隊（全三冊）
陸軍特別攻撃隊の真実の姿を、隊員・指導者らへの膨大な取材と、手紙・日記等を通じて描き尽くした記念碑的作品。特攻隊を知るために必読の決定版。菊池寛賞受賞作。（鴻上尚史）
歴-2-31

清水克行
耳鼻削ぎの日本史
なぜ「耳なし芳一」は耳を失ったのか。なぜ秀吉は朝鮮出兵で鼻削ぎを命じたのか。日本史上最も有名な猟奇的習俗の真実に迫る。「中世社会のシンボリズム――爪と指」を増補。（高野秀行）
歴-2-34

江藤　淳
新編　天皇とその時代
日本人にとって天皇とは何か。戦後民主主義のなか、国民統合の象徴たらんと努めてきた昭和天皇の姿を、畏敬と感動を込めて語る。新編では次代の皇室への直言を加えた。（平山周吉）
歴-2-35

松本清張
昭和史発掘　特別篇
『昭和史発掘』全九巻に未収録の二篇「政治の妖雲・穏田の行者」「『お鯉』事件」と、城山三郎、五味川純平、鶴見俊輔と昭和史の裏側を縦横無尽に語った対談を掲載。（有馬　学）
歴-2-36

ドナルド・キーン（角地幸男　訳）
日本人の戦争
作家の日記を読む
永井荷風、高見順、伊藤整、山田風太郎など、作家たちの戦時の日記に刻まれた声に耳をすまし、非常時における日本人の精神をあぶり出す傑作評論。巻末に平野啓一郎との対談を収録。
歴-2-37

福留真紀
名門譜代大名・酒井忠挙の奮闘
父の失脚で、約束された将来は暗転した。降格され、自身の奇病や親族の不祥事に悩み、期待した嫡男は早世。数多の苦難に抗い、家の存続に奮闘した御曹司の実像に迫る。（山内昌之）
歴-2-38

（　）内は解説者。品切の節はご容赦下さい。

佐野恵作（梶田明宏　編）
昭和天皇の横顔
宮内省幹部として「終戦の詔書」を浄書し、その夜の「宮城事件」を経験した著者による、終戦前後の宮中の貴重な記録と、昭和天皇ご一家の素顔。初の文庫化。　（梶田明宏）
歴-2-39

小島　毅
義経の東アジア
対外貿易で勢力を伸ばした「開国派」平氏、農本主義に徹し強い軍事組織を築いた「鎖国派」源頼朝。中国王朝の興亡から源平内乱を捉え直す。保立道久氏、加藤陽子氏との座談会を収録。
歴-2-40

浅見雅男
公爵家の娘
岩倉靖子とある時代
昭和八年、一斉検挙・起訴された「赤化華族」のなかに岩倉具視の曾孫・岩倉靖子がいた——。なぜ華族令嬢は共産主義に走ったのか。出自と時代に翻弄された、少女の哀しい運命を追う。
歴-2-41

永井路子
つわものの賦
日本史上最大の変革・鎌倉幕府成立。中核にいたのは台頭する東国武士団。源頼朝、義経、木曾義仲、梶原景時、三浦義村、北条義時……。鎌倉時代の歴史小説の第一人者による傑作評伝。
歴-2-42

源田　實
真珠湾作戦回顧録
開戦と同時に米太平洋艦隊の根拠地を叩く作戦は、当初誰もが不可能と考えた。ひとり連合艦隊司令長官・山本五十六を除いて……元参謀による驚愕の回想録。増補2篇収録。　（秦　郁彦）
歴-2-43

河内祥輔
新版　頼朝の時代
1180年代内乱史
平家、義仲や義経は京を制圧しながらも敗れ、なぜ頼朝は東国で幕府を樹立できたのか。中世の朝廷と幕府の関係を決めた、頼朝と後白河上皇に迫る。鎌倉幕府成立論の名著。　（三田武繁）
歴-2-44

（　）内は解説者。品切の節はご容赦下さい。

江藤　淳
近代以前
日本文学の特性とは何か？　藤原惺窩、林羅山、近松門左衛門、井原西鶴、上田秋成などの江戸文藝に沈潜し、外来の文藝・思想の波に洗われてきた日本の伝統の核心に迫る。（内田　樹）
思-1-1

福田恆存（浜崎洋介　編）
保守とは何か
「保守派はその態度によつて人を納得させるべきであつて、イデオロギーによつて承服させるべきではない」――オリジナル編集による最良の「福田恆存入門」。（浜崎洋介）
思-1-2

山本七平
聖書の常識
聖書学の最新の成果を踏まえつつ、聖書に関する日本人の誤解を正し、日本人には縁遠い旧約聖書も含めて、「聖書の世界」全体の見取り図を明快に示す入門書。（佐藤　優）
思-1-3

保田與重郎
わが萬葉集
萬葉集が息づく奈良県桜井で育った著者が歌に吹きこまれた魂の追体験へと誘い、萬葉集に詠みこまれた時代精神と土地の記憶を味わいながら、それが遺された幸せを記す。（片山杜秀）
思-1-4

柳田国男（柄谷行人　編）
「小さきもの」の思想
『遊動論 柳田国男と山人』（文春新書）で画期的な柳田論を展開した思想家が、そのエッセンスを一冊に凝縮。柳田が生涯探求した問題は何か？　各章に解題をそえた文庫オリジナル版。
思-1-5

岡崎乾二郎
ルネサンス 経験の条件
サンタ・マリア大聖堂のクーポラを設計したブルネレスキ、ブランカッチ礼拝堂の壁画を描いたマサッチオの天才の分析を通して、芸術の可能性と使命を探求した記念碑的著作。（斎藤　環）
思-1-6

田中美知太郎
ロゴスとイデア
ギリシャ哲学の徹底的読解によって日本における西洋哲学研究の基礎を築いた著者が、「現実」「未来」「過去」「時間」といった根本概念の発生と変遷を辿った名著。（岡崎満義）
思-1-8